广联达 计量计价实训系列教程

GUANGLIANDA JILIANG JIJIA SHIXUN XILIE JIAOCHENG

建筑工程计量与计价
实训教程（浙江版）

JIANZHU GONGCHENG JILIANG YU JIJIA
SHIXUN JIAOCHENG

主　编
廖俊燕　金华职业技术学院
李修强　浙江广厦建设职业技术学院
黄丽华　浙江广厦建设职业技术学院
副主编
王全杰　广联达软件股份有限公司
孙咏梅　浙江水利水电专科学校
厉　莎　浙江同济科技职业学院
参　编
刘师雨　广联达软件股份有限公司
舒志坚　丽水学院
贺会团　嘉兴职业技术学院
肖　矗　浙江理工大学
汪　洋　浙江工商职业技术学院
金跨凤　义乌工商学院
主　审
朱溢镕　广联达软件股份有限公司

重庆大学出版社

内容提要

　　本书分建筑工程计量与计价两篇。上篇详细介绍了如何识图，如何从清单与定额的角度进行分析，确定算什么、如何算的问题；然后讲解了如何应用广联达土建算量软件完成工程量的计算。下篇主要介绍了在采用广联达造价系列软件完成土建工程量计算与钢筋工程量计算后，如何完成工程量清单计价的全过程，并提供了报表实例。

　　通过本书学习，可以让学生掌握正确的算量流程和组价流程，掌握软件的应用方法，能够独立完成工程量计算和清单计价。

　　本书可作为高校工程造价专业的实训教材，也可作为建筑工程技术、工程管理等专业的教学参考用书，以及岗位技能培训教材或自学用书。

图书在版编目 (CIP) 数据

建筑工程计量与计价实训教程:浙江版/廖俊燕,
李修强,黄丽华主编 . —重庆:重庆大学出版社,
2014.11(2016.1 重印)
广联达计量计价实训系列教程
ISBN 978-7-5624-8506-3

Ⅰ.①建…　Ⅱ.①廖…②李…③黄…　Ⅲ.①建筑工
程—计量—教材②建筑造价—教材　Ⅳ.①TU723.3

中国版本图书馆 CIP 数据核字(2014)第 214833 号

广联达计量计价实训系列教程
建筑工程计量与计价实训教程
(浙江版)

主　编　廖俊燕　李修强　黄丽华
副主编　王全杰　孙咏梅　厉　莎
主　审　朱溢镕
策划编辑　林青山　刘颖果
责任编辑:刘颖果　　版式设计:刘颖果
责任校对:秦巴达　　责任印制:赵　晟

*

重庆大学出版社出版发行
出版人:易树平
社址:重庆市沙坪坝区大学城西路 21 号
邮编:401331
电话:(023) 88617190　88617185(中小学)
传真:(023) 88617186　88617166
网址:http://www.cqup.com.cn
邮箱:fxk@ cqup.com.cn (营销中心)
全国新华书店经销
自贡兴华印务有限公司印刷

*

开本:787×1092　1/16　印张:17.5　字数:437千
2014 年 11 月第 1 版　2016 年 1 月第 2 次印刷
印数:2 001—5 000
ISBN 978-7-5624-8506-3　定价:39.00 元

本书如有印刷、装订等质量问题,本社负责调换
版权所有,请勿擅自翻印和用本书
制作各类出版物及配套用书,违者必究

编审委员会

主 任　袁建新　四川建筑职业技术学院

副主任　高　杨　广联达软件股份有限公司

　　　　刘志彤　浙江水利水电专科学校

委　员　陈华辉　湖州职业技术学院

　　　　陈其权　浙江长征职业技术学院

　　　　陈永高　浙江工业职业技术学院

　　　　洪军明　杭州科技职业技术学校

　　　　李　娜　绍兴文理学院

　　　　刘晓勤　湖州职业技术学院

　　　　宋蓉晖　浙江同济科技职业学院

　　　　孙秋砚　绍兴职业技术学院

　　　　卓　菁　温州职业技术学院

　　　　陈素萍　宁波工程学院

　　　　韩景玮　浙江万里学院

　　　　蒋　敏　台州职业技术学院

　　　　蒋圆圆　浙江大学宁波理工学院

　　　　杨昭宇　温州大学

　　　　尹　珺　宁波大学

　　　　赵　宇　浙江省建筑安装技术学校

　　　　周静南　嘉兴学院

　　　　吴小菲　广联达软件股份有限公司

再版说明

近年来,每次与工程造价专业的老师交流时,大家都希望能够有一套广联达造价系列软件的实训教材——帮助老师们切实提高教学效果,让学生真正掌握使用软件编制造价的技能,从而满足企业对工程造价人才的需求,达到"零适应期"的应用教学目标。

围绕工程造价专业学生"零适应期"的应用教学目标,我们对150多家企业进行了深度调研,包括:建筑安装施工企业69家、房地产开发企业21家、工程造价咨询企业25家、建设管理单位27家。通过调研,我们分析总结出企业对工程造价人才的四点核心要求:

1. 识读建筑工程图纸能力   90%

2. 编制招投标价格和标书能力   87%

3. 造价软件运用能力   94%

4. 沟通、协作能力强   85%

同时,我们还调研了近300家院校,包括本科、高职高专、中职等。从中我们了解到,各院校工程造价实训教学的推行情况,以及对软件实训教学的期待:

1. 进行计量计价手工实训   98%

2. 造价软件实训教学   85%

3. 造价软件作为课程教学   93%

4. 采用本地定额与清单进行实训教学   96%

5. 合适图纸难找   80%

6. 不经常使用软件,对软件功能掌握不熟练   36%

7. 软件教学准备时间长、投入大,尤其需要编制答案   73%

8. 学生的学习效果不好评估   90%

9. 答疑困难,软件中相互影响因素多   94%

10. 计量计价课程要理论与实际紧密结合   98%

从本次面向企业和学校展开的广泛交流与调研中,我们得出如下结论:

1. 工程造价专业计量计价实训是一门将工程识图、工程结构、计量计价等相关课程的知识、理论、方法与实际工作相结合的应用性课程。

2. 工程造价技能需要实践。在工程造价实际业务的实践中,能够更深入领会所学知识,全面透彻理解知识体系,做到融会贯通、知行合一。

3. 工程造价需要团队协作。随着建筑工程规模的扩大,工程多样性、差异性、复杂性的提高,工期要求越来越紧,工程造价人员需要通过多人协作来完成项目。因此,造价课程的实践需要以团队合作方式进行,在过程中培养学生与人合作的团队精神。

工程计量与计价是造价人员的核心技能,计量计价实训课程是学生从学校走向工作岗位的练兵场,架起了学校与企业的桥梁。

计量计价课程的开发团队需要企业业务专家、学校优秀教师、软件企业金牌讲师三方的精诚协作,共同完成。业务专家以提供实际业务案例、优秀的业务实践流程、工作成果要求为重点;教师以教学方式、章节划分、课时安排为重点;软件讲师则以如何应用软件解决业务问题、软件应用流程、软件功能讲解为重点。

依据计量计价课程本地化的要求,我们组建了由企业、学校、软件公司三方专家构成的地方专家编委员会,确定了课程编制原则:

1. 培养学生工作技能、方法、思路;

2. 采用实际工程案例;

3. 以工作任务为导向,任务驱动的方式;

4. 加强业务联系实际,包括工程识图,从定额与清单两个角度分析算什么、如何算;

5. 以团队协作的方式进行实践,加强讨论与分享环节;

6. 课程应以技能培训的实效作为检验的唯一标准;

7. 课程应方便教师教学,做到好教、易学。

教材中业务分析由各地业务专家及教师编写,软件操作部分由广联达软件股份有限公司讲师编写,课程中各阶段工程由专家及教师编制完成(广联达软件股份有限公司审核),教学指南、教学 PPT、教学视频由广联达软件股份有限公司组织编写并录制,教学软件需求由企业专家、学校教师共同编制,教学相关软件由广联达软件软件股份有限公司开发。

本教程编制框架分为 7 个部分:

1. 图纸分析,解决识图的问题;

2. 业务分析,从清单、定额两个方面进行分析,解决本工程需要算什么以及如何算的问题;

3. 如何应用软件进行计算;

4. 本阶段的实战任务;

5. 工程实战分析;

6. 练习与思考;

7. 知识拓展。

在上述调研分析的基础上,广联达软件股份有限公司组织编写了第一版 4 本实训教材。教材上市两年多来,销售超过 10 万册,使用反响良好,全国大多高等职业院校采用此实训教程作为工程造价等专业软件操作实训教材。在这两年的时间里,土建实训教程已经实现了 15 个地区本地化。随着 2013 新清单的推广应用,各地新定额的配套实施,广联达教育事业部联合各地高校专业资深教师完成已开发地区本地化教程及课程资料包的更新,教材中按照新清单及地区新定额,结合广联达新土建算量计价软件重新编制了案例模型文件,对教材整体框架进行了调整,更适应高校软件实训课程教学,满足高校实训教学需要。

新版教材、配套资源以及授课模式讲解如下:

一、土建计量计价实训教程

1.《办公大厦建筑工程图》

2.《钢筋工程量计算实训教程》

3.《建筑工程计量与计价实训教程》(分地区版)

二、土建计量计价实训教程资料包

为了方便教师开展教学,与目前新清单、新定额相配套,切实提高实际教学质量,按照新的内容全面更新实训教学配套资源:

教学指南:

4.《钢筋工程量计算实训教学指南》

5.《建筑工程计量与计价实训教学指南》

教学参考:

6. 钢筋工程量计算实训授课 PPT

7. 建筑工程计量与计价实训授课 PPT

8. 钢筋工程量计算实训教学参考视频

9. 建筑工程计量与计价实训教学参考视频

10. 钢筋工程量计算实训阶段参考答案

11. 建筑工程计量与计价实训阶段参考答案

教学软件:

12. 广联达 BIM 钢筋算量软件　GGJ2013

13. 广联达 BIM 土建算量软件　GCL2013

14. 广联达计价软件　GBQ4.0

15. 广联达钢筋算量评分软件　GGJPF2013:可以批量地对钢筋工程进行评分

16. 广联达土建算量评分软件　GCLPF2013:可以批量地对土建算量工程进行评分

17. 广联达计价评分软件　GBQPF4.0:可以批量地对计价文件进行评分

18. 广联达钢筋对量软件　GSS2014:可以快速查找学生工程与标准答案之间的区别,找出问题所在

19. 广联达图形对量软件　GST2014

20. 广联达计价审核软件　GSH4.0:快速查找两组价文件之间的不同之处

以上除教材外的4~20项内容由广联达软件股份有限公司以课程的方式提供。

三、教学授课模式

针对之前老师对授课资料包的运用不清楚的地方,我们建议老师们采用"团建八步教学法"模式进行教学,以充分合理、有效利用我们的授课资料包所有内容,高效完成教学任务,提升课堂教学效果。

何为团建? 团建也就是将班级学生按照成绩优劣等情况合理地搭配分成若干个小组,有

效地形成若干个团队,形成共同学习、相互帮助的小团队。同时,老师引导各个团队形成不同的班级管理职能小组(学习小组、纪律小组、服务小组、娱乐小组等)。授课时老师组织引导各职能小组发挥作用,帮助老师有效管理课堂和自主组织学习。本授课方法主要以组建团队为主导,以团建的形式培养学生自我组织学习、自我管理,形成团队意识、竞争意识。在实训过程中,所有学生以小组团队身份出现。老师按照八步教学法的步骤,首先对整个实训工程案例进行切片式阶段任务设计,每个阶段任务利用八步教学法合理贯穿实施。整个课程利用我们提供的教学资料包进行教学,备、教、练、考、评一体化课堂设计,老师主要扮演组织者、引导者角色,学生作为实训学习的主体,发挥主要作用,实训效果在学生身上得到充分体现。

团建八步教学法框架图:

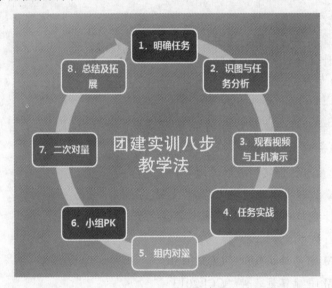

八步教学授课操作流程如下:

第一步 明确任务:1.本堂课的任务是什么;2.该任务是在什么情境下;3.该任务计算范围(哪些项目需要计算? 哪些项目不需要计算?)。

第二步 该任务对应的案例工程图纸的识图及业务分析:(结合案例图纸)以团队的方式进行图纸及业务分析,找出各任务中涉及构件的关键参数及图纸说明,以团队的方式从定额、清单两个角度进行业务分析,确定算什么、如何算。

第三步 观看视频与上机演示:老师可以采用播放完整的案例操作以及业务讲解视频,也可以自行根据需要上机演示操作,主要是明确本阶段的软件应用的重要功能,操作上机的重点及难点。

第四步 任务实战:老师根据已布置的任务,规定完成任务的时间,团队学生自己动手操作,配合老师辅导指引,在规定时间内完成阶段任务。(**其中,在套取清单的过程中,此环节强烈建议采用教材统一提供的教学清单库。土建实训教程采用本地化"2014 土建实训教程教学专用清单库",此清单库为高校专用清单库,采用 12 位清单编码,和广联达高校算量大赛对接,主要用于结果评测。**)学生在规定时间内完成任务后,提交个人成果,老师利用评分软件当堂对学生成果资料进行评测,得出个人成绩。

第五步　组内对量:评分完毕后,学生根据每个人的成绩,在小组内利用对量软件进行对量,讨论完成对量问题,如找问题、查错误、优劣搭配、自我提升。老师要求每个小组最终出具一份能代表小组实力的结果文件。

第六步　小组 PK:每个小组上交最终成功文件后,老师再次使用评分软件进行评分,测出各个小组的成绩优劣,希望能通过此成绩刺激小组的团队意识以及学习动力。

第七步　二次对量:老师下发标准答案,学生再次利用对量软件与标准答案进行结果对比,从而找出错误点加以改正,掌握本堂课所有内容,提升自己的能力。

第八步　学生小组及个人总结:老师针对本堂课的情况进行总结及知识拓展,最终共同完成本堂课的教学任务。

本教程由金华职业技术学院廖俊燕、浙江广厦建设职业技术学院李修强、浙江广厦建设职业技术学院黄丽华主编;广联达软件股份有限公司王全杰、浙江水利水电专科学校孙咏梅、浙江同济科技职业学院厉莎担任副主编,参与教程方案设计、编制、审核等;广联达软件股份有限公司朱溢镕担任主审工作。同时参与编制的人员还有广联达软件股份有限公司刘师雨、丽水学院舒志坚、嘉兴职业技术学院贺会团、浙江理工大学肖鬵、浙江工商职业技术学院汪洋、义乌工商学院金跨凤,在此一并表示衷心的感谢。

在课程方案设计阶段,借鉴了河南运照工程管理有限公司造价业务实训方案、实训培训方法,从而保证了本系列教程的实用性、有效性。本教程汲取了北京城市建设学校和北京交通职业技术学院的实训教学经验,让教程内容更适合初学者。同时,感谢编委会对教程提出的宝贵意见。

在本教程的调研、修订过程中,工程教育事业部高杨经理、李永涛、王光思、李洪涛、沈默等同事给予了热情的帮助,对课程方案提出了中肯的建议,在此表示诚挚的感谢。

随着高校对实训教学的深入开展,广联达教育事业部造价组联合全国高校资深专业教师,倾力打造完美的造价实训课堂。针对高校人才培养方案,研究适合高校的实训教学模式,欢迎广大老师积极加入我们的广联达实训大家庭(实训教学群:307716347),希望我们能联手打造优质的实训系列课程。

本套教程在编写过程中,虽然经过反复斟酌和校对,但由于时间紧迫、编者能力有限,难免存在不足之处,诚望广大读者提出宝贵意见,以便再版时修改完善。

朱溢镕

2014 年 8 月　北京

目 录

上篇　建筑工程计量

下篇　建筑工程计价

上篇 建筑工程计量

第1章 土建算量工程图纸及业务分析

通过本章学习,你将能够:

(1)分析图纸的重点内容,提取算量的关键信息;

(2)从造价的角度进行识图;

(3)描述土建算量软件的基本流程。

对于预算初学者,拿到图纸及造价编制要求后,面对手中的图纸、资料、要求等大堆资料往往无从下手,究其原因,主要原因集中在以下两个方面:

①看着密密麻麻的建筑说明、结构说明,有关预算的"关键字眼"是哪些?

②针对常见的框架、框剪、砖混3种结构,分别应从哪里入手开始进行算量工作?

下面就针对这些问题,结合《办公大厦建筑工程图》,从读图、列项逐一分析。

1.1 建筑施工图

对于房屋建筑土建施工图纸,大多分为建筑施工图和结构施工图。建筑施工图纸大多由总平面布置图,建筑设计说明,各楼层平面图、立面图、剖面图,节点详图、楼梯详图等组成。下面就这些分类结合《办公大厦建筑工程图》,分别对其功能、特点逐一进行介绍。

1)总平面布置图

(1)概念

建筑总平面布置图,是表明新建房屋所在基础有关范围内的总体布置,它反映新建、拟建、原有和拆除的房屋、构筑物等的位置和朝向,室外场地、道路、绿化等的布置,地形、地貌、标高等,以及原有环境的关系和邻界情况等。建筑总平面布置图也是房屋及其他设施施工的定位、土方施工以及绘制水、暖、电等管线总平面图和施工总平面图的依据。

(2)对编制工程预算的作用

①结合拟建建筑物位置,确定塔吊的位置及数量。

②结合场地总平面位置情况,考虑是否存在二次搬运。

③结合拟建工程与原有建筑物的位置关系,考虑土方支护、放坡、土方堆放调配等问题。

④结合拟建工程之间的关系,综合考虑建筑物的共有构件等问题。

2)建筑设计说明

(1)概念

建筑设计说明,是对拟建建筑物的总体说明。

（2）包含的主要内容

①建筑施工图目录。

②设计依据：设计所依据的标准、规定、文件等。

③工程概况：内容一般应包括建筑名称、建设地点、建设单位、建筑面积、建筑基底面积、建筑工程等级、设计使用年限、建筑层数和建筑高度、防火设计建筑分类和耐火等级、人防工程防护等级、屋面防水等级、地下室防水等级、抗震设防烈度等，以及能反映建筑规模的主要技术经济指标，如住宅的套型和套数（包括每套的建筑面积、使用面积、阳台建筑面积；房间的使用面积可在平面图中标注）、旅馆的客房间数和床位数、医院的门诊人次和住院部的床位数、车库的停车泊位数等。

④建筑物定位及设计标高、高度。

⑤图例。

⑥用料说明和室内外装修。

⑦对采用新技术、新材料的做法说明及对特殊建筑造型和必要的建筑构造的说明。

⑧门窗表及门窗性能（防火、隔声、防护、抗风压、保温、空气渗透、雨水渗透等）、用料、颜色、玻璃、五金件等的设计要求。

⑨幕墙工程（包括玻璃、金属、石材等）及特殊的屋面工程（包括金属、玻璃、膜结构等）的性能及制作要求，平面图、预埋件安装图等，以及防火、安全、隔音构造。

⑩电梯（自动扶梯）选择及性能说明（功能、载重量、速度、停站数、提升高度等）。

⑪墙体及楼板预留孔洞需封堵时的封堵方式说明。

⑫其他需要说明的问题。

（3）编制预算时需思考的问题

①该建筑物的建设地点在哪里？（涉及税金等费用问题）

②该建筑物的总建筑面积是多少？地上、地下建筑面积各是多少？（可根据经验，对此建筑物估算大约造价金额）

③图纸中的特殊符号表示什么意思？（帮助我们读图）

④层数是多少？高度是多少？（是否产生超高增加费？）

⑤填充墙体采用什么材质？厚度是多少？砌筑砂浆标号是多少？特殊部位墙体是否有特殊要求？（查套填充墙子目）

⑥是否有关于墙体粉刷防裂的具体措施？（比如在混凝土构件与填充墙交接部位设置钢丝网片）

⑦是否有相关构造柱、过梁、压顶的设置说明？（此内容不在图纸上画出，但也需计算造价）

⑧门窗采用什么材质？对玻璃的特殊要求是什么？对框料的要求是什么？有什么五金？门窗的油漆情况如何？是否需要设置护窗栏杆？（查套门窗、栏杆相关子目）

⑨有几种屋面？构造做法分别是什么？或者采用哪本图集？（查套屋面子目）

⑩屋面排水的形式是什么？（计算落水管的工程量及查套子目）

⑪外墙保温的形式是什么？保温材料是什么？厚度是多少？（查套外墙保温子目）

⑫外墙装修分几种？做法分别是什么？（查套外装修子目）

⑬室内有几种房间? 它们的楼地面、墙面、墙裙、踢脚、天棚(吊顶)装修做法是什么? 或者采用哪本图集? (查套房间装修子目)

问题思考

请结合《办公大厦建筑工程图》,思考上述问题。

3)各层平面图

在窗台上边用一个水平剖切面将房子水平剖开,移去上半部分,从上向下透视它的下半部分,可看到房子的四周外墙和墙上的门窗、内墙和墙上的门,以及房子周围的散水、台阶等。将看到的部分都画出来,并注上尺寸,就是平面图。

编制预算时需思考如下问题:

(1)地下 n 层平面图

①注意地下室平面图的用途、地下室墙体的厚度及材质。(结合"建筑设计说明")

②注意进入地下室的渠道,是与其他邻近建筑地下室连通? 还是本建筑物地下室独立? 进入地下室的楼梯在什么位置?

③注意图纸下方对此楼层的特殊说明。

(2)首层平面图

①通看平面图,是否存在对称的情况?

②台阶、坡道的位置在哪里? 台阶挡墙的做法是否有节点引出? 台阶的构造做法采用哪本图集? 坡道的位置在哪里? 坡道的构造做法采用哪本图集? 坡道栏杆的做法是什么? (台阶、坡道的做法有时也在"建筑设计说明"中明确)

③散水的宽度是多少? 做法采用的图集号是多少? (散水做法有时也在"建筑设计说明"中明确)

④首层的大门、门厅位置在哪里? (与二层平面图中的雨篷相对应)

⑤首层墙体的厚度是多少? 采用什么材质? 砌筑要求是什么? (可结合"建筑设计说明"对照来读)

⑥是否有节点详图引出标志? (如有节点引出标志,则需对照相应节点号找到详图,以帮助全面理解图纸)

⑦注意图纸下方对此楼层的特殊说明。

(3)二层平面图

①是否存在平面对称或户型相同的情况?

②雨篷的位置在哪里? (与首层大门位置一致)

③二层墙体的厚度是多少? 采用什么材质? 砌筑要求是什么? (可结合"建筑设计说明"对照来读)

④是否有节点详图引出标志? (如有节点引出标志,则需对照相应节点号找到详图,以帮助全面理解图纸)

⑤注意图纸下方对此楼层的特殊说明。

（4）其他层平面图

①是否存在平面对称或户型相同的情况？

②当前层墙体的厚度是多少？采用什么材质？砌筑要求是什么？（可结合"建筑设计说明"对照来读）

③是否有节点详图引出标志？（如有节点引出标志，则需对照相应节点号找到详图，以帮助全面理解图纸）

④注意当前层与其他楼层平面的异同，并结合立面图、详图、剖面图综合理解。

⑤注意图纸下方对此楼层的特殊说明。

（5）屋面平面图

①屋面结构板顶标高是多少？（结合层高、相应位置结构层板顶标高来读）

②屋面女儿墙顶标高是多少？（结合屋面板顶标高计算出女儿墙高度）

③查看屋面女儿墙详图。（理解女儿墙造型、压顶造型等信息）

④屋面的排水方式是什么？落水管位置及根数是多少？（结合"建筑设计说明"中关于落水管的说明来理解）

⑤注意屋面造型平面形状，并结合相关详图理解。

⑥注意屋面楼梯间的信息。

4）立面图

从建筑的正面看，将可看到的建筑的正立面形状、门窗、外墙裙、台阶、散水、挑檐等都画出来，即形成建筑立面图。

编制预算时需注意以下问题：

①室外地坪标高是多少？

②查看立面图中门窗洞口尺寸、离地标高等信息，结合各层平面图中门窗的位置，思考过梁的信息；结合"建筑设计说明"中关于护窗栏杆的说明，确定是否存在护窗栏杆。

③结合屋面平面图，从立面图上理解女儿墙及屋面造型。

④结合各层平面图，从立面图上理解空调板、阳台拦板等信息。

⑤结合各层平面图，从立面图上理解各层节点位置及装饰位置的信息。

⑥从立面图上理解建筑物各个立面的外装修信息。

⑦结合平面图理解门斗造型信息。

问题思考

请结合《办公大厦建筑工程图》，思考上述问题。

5）剖面图

剖面图的作用是对无法在平面图及立面图上表述清楚的局部剖切，以表述清楚建筑内部的构造，从而补充说明平面图、立面图所不能显示的建筑物内部信息。

编制预算时需注意以下问题：

①结合平面图、立面图、结构板的标高信息、层高信息及剖切位置，理解建筑物内部构造的信息。

②查看剖面图中关于首层室内外标高信息,结合平面图、立面图理解室内外高差的概念。

③查看剖面图中屋面标高信息,结合屋面平面图及其详图,正确理解屋面板的高差变化。

问题思考

请结合《办公大厦建筑工程图》,思考上述问题。

6)楼梯详图

楼梯详图由楼梯剖面图、平面图组成。由于平面图、立面图只能显示楼梯的位置,而无法清楚显示楼梯的走向、踏步、标高、栏杆等细部信息,因此设计中一般需展示楼梯详图。

编制预算时需注意以下问题:

①结合平面图中楼梯位置、楼梯详图的标高信息,正确理解楼梯作为竖向交通工具的立体状况。(思考关于楼梯平台、楼梯踏步、楼梯休息平台的概念,进一步理解楼梯及楼梯间装修的工程量计算及定额套用的注意事项)

②结合楼梯详图,了解楼梯井的宽度,进一步思考楼梯工程量的计算规则。

③了解楼梯栏杆的详细位置、高度及所用到的图集。

问题思考

请结合《办公大厦建筑工程图》,思考上述问题。

7)节点详图

(1)表示方法

为了补充说明建筑物细部的构造,从建筑物的平面图、立面图中特意引出需要说明的部位,对相应部位作进一步详细描述,就构成了节点详图。下面就节点详图的表示方法作简要说明。

①被索引的详图在同一张图纸内,如图1.1所示。

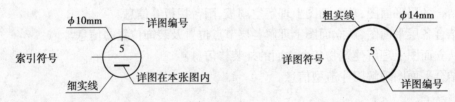

图1.1

②被索引的详图不在同一张图纸内,如图1.2所示。

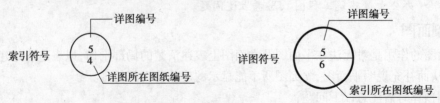

图1.2

③被索引的详图参见图集,如图1.3所示。

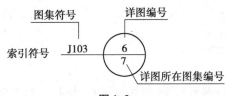

图 1.3

④索引的剖视详图在同一张图纸内,如图 1.4 所示。

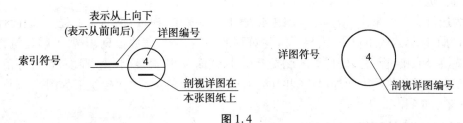

图 1.4

⑤索引的剖视详图不在同一张图纸内,如图 1.5 所示。

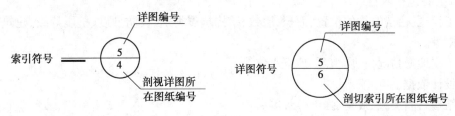

图 1.5

(2)编制预算时需注意的问题

①墙身节点详图:

a.墙身节点详图底部:查看关于散水、排水沟、台阶、勒脚等方面的信息,对照散水宽度是否与平面图一致? 参照的散水、排水沟图集是否明确? (图集有时在平面图或"建筑设计说明"中明确)

b.墙身节点详图中部:了解墙体各个标高处外装修、外保温信息;理解外窗中关于窗台板、窗台压顶等信息;理解关于圈梁位置、标高的信息。

c.墙身节点详图顶部:理解相应墙体顶部关于屋面、阳台、露台、挑檐等位置的构造信息。

②飘窗节点详图:理解飘窗板的标高、生根等信息;理解飘窗板内侧是否需要保温等的信息。

③压顶节点详图:了解压顶的形状、标高、位置等信息。

④空调板节点详图:了解空调板的立面标高、生根的信息;了解空调板栏杆(或百叶)的高度及其位置信息。

⑤其他详图。

1.2 结构施工图

结构施工图纸一般包括：图纸目录、结构设计总说明、基础平面图及其详图、墙柱定位图、各层结构平面图（模板图、板配筋图、梁配筋图）、墙柱配筋图及其留洞图、楼梯及其他构筑物详图（水池、坡道、电梯机房、挡土墙等）。

作为造价工作者来讲，结构施工图主要是计算混凝土、模板、钢筋等工程量，进而计算其造价，而为了计算这些工程量，需要了解建筑物的钢筋配置、摆放信息，需要了解建筑物的基础及其垫层、墙、梁、板、柱、楼梯等的混凝土标号、截面尺寸、高度、长度、厚度、位置等信息，从预算角度也着重从这些方面加以详细阅读。下面就结合《办公大厦建筑工程图》分别对其功能、特点逐一介绍。

1)结构设计总说明

（1）主要包括内容

①工程概况：建筑物的位置、面积、层数、结构抗震类别、设防烈度、抗震等级、建筑物合理使用年限等。

②工程地质情况：土质情况、地下水位等。

③设计依据。

④结构材料类型、规格、强度等级等。

⑤分类说明建筑物各部位设计要点、构造及注意事项等。

⑥需要说明的隐蔽部位的构造详图，如后浇带加强、洞口加强筋、锚拉筋、预埋件等。

⑦重要部位图例等。

（2）编制预算时需注意的问题

①建筑物抗震等级、设防烈度、檐高、结构类型等信息，作为计算钢筋搭接、锚固的依据。

②土质情况，作为土方工程组价的依据。

③地下水位情况，考虑是否需要采取降排水措施。

④混凝土标号、保护层等信息，作为查套定额、计算钢筋的依据。

⑤钢筋接头的设置要求，作为计算钢筋的依据。

⑥砌体构造要求，包括构造柱、圈梁的设置位置及配筋，过梁的参考图集，砌体加固钢筋的设置要求或参考图集，作为计算圈梁、构造柱、过梁的工程量及钢筋量的依据。

⑦砌体的材质及砌筑砂浆要求，作为套砌体定额的依据。

⑧其他文字性要求或详图，有时不在结构平面图纸中画出，但要计算其工程量，举例如下：

a. 现浇板分布钢筋；

b. 施工缝止水带；

c. 次梁加筋、吊筋；

d. 洞口加强筋；

e.后浇带加强钢筋等。

问题思考

请结合《办公大厦建筑工程图》，思考以下问题：

（1）本工程结构类型是什么？

（2）本工程的抗震等级及设防烈度是多少？

（3）本工程不同位置混凝土构件的混凝土标号是多少？有无抗渗等特殊要求？

（4）本工程砌体的类型及砂浆标号是多少？

（5）本工程的钢筋保护层有什么特殊要求？

（6）本工程的钢筋接头及搭接有无特殊要求？

（7）本工程各构件的钢筋配置有什么要求？

2）桩基平面图

编制预算时需注意以下问题：

①桩基类型，结合"结构设计总说明"中的地质情况，考虑施工方法及相应定额子目。

②桩基钢筋详图，是否存在铁件，用来准确计算桩基钢筋及铁件工程量。

③桩顶标高，用来考虑挖桩间土方等因素。

④桩长。

⑤桩与基础的连接详图，考虑是否存在凿截桩头情况。

⑥其他计算桩基需要考虑的问题。

3）基础平面图及其详图

编制预算时需注意以下问题：

①基础类型是什么？决定查套的子目。例如，需要注意判断是有梁式条基还是无梁式条基。

②基础详图情况，帮助理解基础构造，特别注意基础标高、厚度、形状等信息，了解在基础上生根的柱、墙等构件的标高及插筋情况。

③注意基础平面图及详图的设计说明，有些内容设计人员不画在平面图上，而是以文字的形式表现，比如筏板厚度、筏板配筋、基础混凝土的特殊要求（例如抗渗）等。

4）柱子平面布置图及柱表

编制预算时需注意以下问题：

①对照柱子位置信息（b 边、h 边的偏心情况）及梁、板、建筑平面图墙体梁的位置，从而理解柱子作为支座类构件的准确位置，为以后计算梁、墙、板等工程量作准备。

②柱子不同标高部位的配筋及截面信息。（常以柱表或平面标注的形式出现）

③特别注意柱子生根部位及高度截止信息，为理解柱子高度信息作准备。

问题思考

请结合《办公大厦建筑工程图》，思考上述问题。

5)剪力墙平面布置图及暗柱、端柱表

编制预算时需注意以下问题：

①对照建筑平面图阅读剪力墙位置及长度信息，从而了解剪力墙和填充墙共同作为建筑物围护结构的部位，便于计算混凝土墙体及填充墙体工程量。

②阅读暗柱、端柱表，学习并理解暗柱、端柱钢筋的拆分方法。

③注意图纸说明，捕捉其他钢筋信息，防止漏项（例如暗梁，一般不在图形中画出，以截面详图或文字形式体现其位置及钢筋信息）。

问 题思考

请结合《办公大厦建筑工程图》，思考上述问题。

6)梁平面布置图

编制预算时需注意以下问题：

①结合剪力墙平面布置图、柱平面布置图、板平面布置图，综合理解梁的位置信息。

②结合柱子位置，理解梁跨的信息，进一步理解主梁、次梁的概念及在计算工程量过程中的次序。

③注意图纸说明，捕捉关于次梁加筋、吊筋、构造钢筋的文字说明信息，防止漏项。

问 题思考

请结合《办公大厦建筑工程图》，思考上述问题。

7)板平面布置图

编制预算时需注意以下问题：

①结合图纸说明，阅读不同板厚的位置信息。

②结合图纸说明，理解受力筋的范围信息。

③结合图纸说明，理解负弯矩钢筋的范围及其分布筋信息。

④仔细阅读图纸说明，捕捉关于洞口加强筋、阳角加筋、温度筋等信息，防止漏项。

问 题思考

请结合《办公大厦建筑工程图》，思考上述问题。

8)楼梯结构详图

编制预算时需注意以下问题：

①结合建筑平面图，了解不同楼梯的位置。

②结合建筑立面图、剖面图，理解楼梯的使用性能（举例：1#楼梯仅从首层通至3层，2#楼梯从-1层可以通往18层等）。

③结合建筑楼梯详图及楼层的层高、标高等信息，理解不同踏步板的数量、休息平台、平台的标高及尺寸。

④结合图纸说明及相应踏步板的钢筋信息，理解楼梯钢筋的布置状况，注意分布筋的特

殊要求。

⑤结合详图及位置,阅读梯板厚度、宽度及长度,平台厚度及面积,楼梯井宽度等信息,为计算楼梯实际混凝土体积作好准备。

题思考

请结合《办公大厦建筑工程图》,思考上述问题。

1.3　土建算量软件算量原理

建筑工程量的计算是一项工作量大而繁重的工作,工程量计算的算量工具也随着信息化技术的发展,经历算盘、计算器、计算机表格、计算机建模 4 个阶段(见图 1.6)。现在我们采用的就是通过建筑模型进行工程量的计算。

图 1.6

现在建筑设计输出的图纸绝大多数是采用二维设计,提供建筑的平、立、剖面图纸,对建筑物进行表达。而建模算量则是将建筑平、立、剖面图结合,建立建筑的空间模型,模型的建立则可以准确地表达各类构件之间的空间位置关系,土建算量软件则按计算规则计算各类构件的工程量,构件之间的扣减关系则根据模型由程序进行处理,从而准确计算出各类构件的工程量。为方便工程量的调用,将工程量以代码的方式提供,套用清单与定额时可以直接套用,如图 1.7 所示。

使用土建算量软件进行工程量计算,已经从手工计算的大量书写与计算转化为建立建筑模型。无论用手工算量还是软件算量,都有一个基本的要求,那就是知道算什么、如何算。知道算什么,是做好算量工作的第一步,也就是业务关,手工算、软件算只是采用了不同的手段而已。

软件算量的重点:一是如何快速地按照图纸的要求,建立

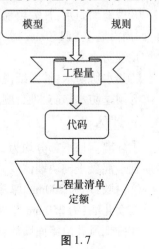

图 1.7

建筑模型;二是将算出来的工程量与工程量清单与定额进行关联;三是掌握特殊构件的处理及灵活应用。

1.4 图纸修订说明

一、建筑设计说明

1)工程概况

①本建筑物建设地点位于杭州市郊。

②本建筑为公共建筑三类多层。

③本建筑物抗震设防烈度为7度。

2)节能设计

①本建筑框架部分外墙砌体结构为250mm厚蒸压轻质加气混凝土砌块。外墙外保温为35mm厚聚苯颗粒保温复合墙体,传热系数<0.7。混凝土外墙做60mm厚泡沫聚苯板保温板保护墙。

②本建筑物窗均采用断桥铝合金low-e中空玻璃,传热系数<3.0。

③本建筑物屋面均采用60mm厚挤塑聚苯乙烯保温板,导热系数小于0.03。

3)防水设计

①本建筑物地下工程防水等级为一级,用防水卷材与钢筋混凝土自防水两道设防要求;底板、外墙、顶板卷材均选用自粘型防水卷材,底板处在卷材防水的表面做50mm厚C20细石混凝土保护层。

②本建筑屋面工程防水等级为二级,平屋面采用3mm厚BAC双面自粘防水卷材及1.5mm厚聚氨酯涂膜防水层,坡屋面采用改性沥青防水。屋面雨水采用ϕ100UPVC内排水方式。

③楼地面防水:凡需要做楼地面防水的房间,防水做法均为刷1.5mm厚聚氨酯防水涂料,四周沿墙上翻150mm高,房间在做完闭水试验后再进行下道工序的施工。凡管道穿楼板处均预埋防水套管。

④集水坑防水:按图纸说明。

⑤雨篷防水。防水层:刷热沥青一道;防水砂浆:20mm厚防水砂浆。

6)墙体设计

①外墙。地下部分均为250mm厚自防水钢筋混凝土墙体,地上部分均为250mm厚蒸压轻质加气混凝土砌块墙体。

②内墙:均为200mm厚蒸压轻质加气混凝土砌块墙体。

③女儿墙:为250mm厚MU10级混凝土实心砖。

④排烟风井出屋面墙体:120mm厚MU10级混凝土实心砖。

⑤排烟风井(-1~4层)墙体:100mm厚MU10级混凝土实心砖。

⑥墙体砂浆:女儿墙采用M5混合砂浆砌筑,其他砌块墙采用砂加气混凝土砌块专用粘结剂。

7)门窗表

木质夹板门改为拼花装饰实心装饰夹板门;所有的铝塑材质的门窗改为断桥铝合金low-e中空玻璃门窗;玻璃推拉门改为断桥铝合金low-e中空玻璃推拉门。

二、工程做法

1)室外装修设计

(1)屋面1:上人屋面

①8~10mm厚防滑地砖,建筑胶砂浆粘贴;

②3mm厚纸筋灰隔离层;

③3mm厚高聚物改性沥青防水卷材;

④20mm厚1:3水泥砂浆找平;

⑤最薄处30mm厚砾石砂浆找坡2%;

⑥50mm厚挤塑聚苯乙烯保温板;

⑦现浇钢筋混凝土屋面板。

(2)屋面2:坡屋面

①20mm厚1:2水泥砂浆保护层;

②3mm厚纸筋灰隔离层;

③3mm厚高聚物改性沥青防水卷材;

④20mm厚水泥砂浆找平;

⑤50mm厚挤塑聚苯乙烯保温板;

⑥现浇钢筋混凝土屋面板。

(3)屋面3:不上人屋面

①20mm厚1:2.5水泥砂浆保护层;

②50mm厚C30细石混凝土(内配φ6@200双向钢筋网);

③3mm厚自粘防水卷材;

④1.5mm厚聚氨酯涂膜防水层;

⑤20mm厚1:3水泥砂浆找平层;

⑥50mm厚挤塑聚苯乙烯保温板;

⑦现浇钢筋混凝土屋面板。

(4)风井外墙:乳胶漆墙面

①喷外墙仿石型涂料;

②12mm厚1:3水泥砂浆抹面;

③10mm厚1:2.5水泥砂浆打底;

④1.5mm厚聚氨酯涂膜防水。

2）室内装修设计

（1）地面

地面1：细石混凝土地面

①40mm厚C20细石混凝土，表面撒1∶2水泥中粗砂压实抹光；

②150mm厚碎石或碎砖夯实，灌1∶5水泥砂浆；

③素土夯实。

地面2：水泥砂浆地面

①20mm厚1∶2.5水泥砂浆压实抹光；

②30mm厚C15混凝土随打随抹；

③1.5mm厚聚氨酯防水涂料；

④30mm厚C15混凝土；

⑤素土夯实。

地面3：防滑地砖地面

①8～10mm厚防滑地砖，干水泥擦缝；

②撒素水泥面（洒适量清水）；

③20mm厚1∶2干硬水泥砂浆（或建筑胶水泥砂浆）粘结层；

④50mm厚C15混凝土；

⑤150mm厚碎石灌浆垫层；

⑥素土夯实。

（2）楼面

楼面1：防滑地砖楼面（300mm×300mm）

①8～10mm厚地砖楼面，干水泥擦缝，或1∶1水泥砂浆勾缝；

②15mm厚1∶1水泥砂浆结合层；

③20mm厚1∶3水泥砂浆找平层；

④钢筋混凝土楼面。

楼面2：防滑地砖防水楼面（300mm×300mm）

①8～10mm厚地砖楼面，干水泥擦缝；

②20mm厚干硬性砂浆粘结层；

③30mm厚C20细石混凝土；

④1.5mm厚聚氨酯防水涂料；

⑤20mm厚1∶3水泥砂浆找平层（四周做圆弧状或钝角）；

⑥钢筋混凝土楼面。

楼面3：大理石楼面

①20mm厚大理石楼面，水泥浆擦缝；

②20mm厚1∶2.5水泥砂浆结合层；

③20mm厚1∶3水泥砂浆找平层；

④钢筋混凝土楼面。

（3）踢脚

踢脚1：水泥砂浆踢脚（高度100mm）

①8mm厚1∶3水泥砂浆；

②6mm厚1∶2.5水泥砂浆打底；

踢脚2：地砖踢脚（600mm×600mm黑色地砖）

①素水泥浆擦缝；

②600mm×600mm黑色地砖；

③8mm厚1∶2水泥砂浆（内掺建筑胶）结合层；

④5mm厚1∶3水泥砂浆打底。

踢脚3：大理石踢脚

①稀水泥浆擦缝；

②10～20mm厚大理石板；

③10mm厚1∶2水泥砂浆（内掺建筑胶）灌缝。

（4）内墙面

内墙面1：涂料内墙面

①喷耐擦洗涂料；

②5mm厚1∶2水泥砂浆粉面；

③9mm厚1∶3水泥砂浆打底。

内墙面2：瓷砖墙面150mm×220mm白瓷砖

①5mm厚瓷砖面层，白水泥浆擦缝；

②5mm厚1∶2水泥砂浆结合层；

③6mm厚1∶2.5水泥砂浆打底；

④刷界面处理剂一道。

（5）外墙面

装饰抹灰外墙面

①喷外墙仿石型涂料；

②12mm厚1∶3水泥砂浆抹面，斩假石；

③10mm厚1∶2.5水泥砂浆打底。

（6）柱饰面

柱面一般抹灰（矩形柱）

①刷调和漆两遍；

②6mm厚1∶1∶4混合砂浆抹面；

③14mm厚1∶1∶6混合砂浆打底。

石材柱面（圆柱）

①面层酸洗打蜡；

②10～20mm厚大理石板；

③10mm厚1∶3水泥砂浆粘贴；

④15mm厚1∶3水泥砂浆打底抹灰。

（7）顶棚

顶棚1:涂料顶棚

①喷水性耐擦洗涂料;

②2mm厚纸筋灰罩面;

③5mm厚1:0.5:3水泥石膏砂浆扫毛;

④现浇钢筋混凝土。

（8）吊顶

吊顶1:铝合金条板吊顶

①0.5~0.8mm厚铝合金条板面层;

②中龙骨U50×19×0.5,中距<1200mm;

③大龙骨[60×30×1.5(吊点附吊挂),中距<1200mm;

④ϕ8钢筋吊杆,双向中距900~1200mm;

⑤钢筋混凝土板内预留ϕ6铁环,双向中距900~1200mm。

吊顶2:矿棉板吊顶

①500mm×500mm×18mm矿棉板;

②铝合金横撑⊥25×22×1.3或⊥23×23×1.3,中距500mm;

③铝合金中龙骨双向中距1000mm;

④钢筋混凝土板内埋ϕ6铁环,双向中距1000mm。

（9）混凝土散水做法

①60mm厚C15混凝土,撒1:1水泥砂子,压实抹光;

②120mm厚碎石或碎砖垫层;

③土夯实,向外坡4%。

（10）块料台阶做法

①8~10mm厚地砖;

②5mm厚1:1水泥砂浆(内掺建筑胶)结合层;

③20mm厚1:3水泥砂浆找平层;

④C15混凝土台阶。

第 2 章　建筑工程量计算

2.1　准备工作

通过本节的学习,你将能够:
(1)正确选择清单与定额规则,以及相应的清单库和定额库;
(2)区分做法模式;
(3)正确设置室内外高差;
(4)定义楼层及统一设置各类构件混凝土标号;
(5)按图纸定义轴网。

2.1.1　新建工程

通过本小节的学习,你将能够:
(1)正确选择清单与定额规则,以及相应的清单库和定额库;
(2)正确设置室内外高差;
(3)依据图纸定义楼层;
(4)依据图纸要求设置混凝土标号、砂浆标号。

一、任务说明

根据《办公大厦建筑工程图》,在软件中完成新建工程的各项设置。

二、任务分析

①软件中新建工程的各项设置都有哪些?
②清单与定额规则及相应的清单库和定额库都是做什么用的?
③室外地坪标高的设置是如何计算出来的?
④各层对混凝土标号、砂浆标号的设置,对哪些操作有影响?
⑤工程楼层的设置,应依据建筑标高还是结构标高? 区别是什么?
⑥基础层的标高应如何设置?

三、任务实施

1)新建工程

①启动软件,进入如图2.1所示"欢迎使用GCL2013"界面。注意:本教材使用的图形软件版本号为10.3.11.896。

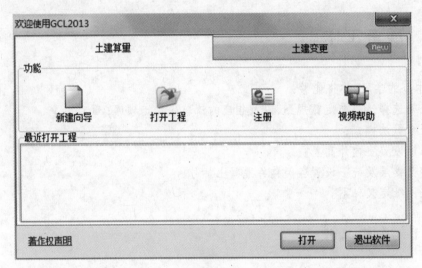

图2.1

②鼠标左键单击"新建向导",进入新建工程界面,如图2.2所示。

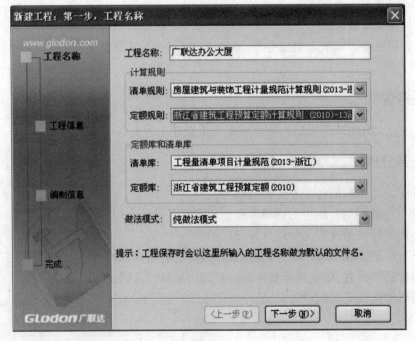

图2.2

工程名称:按工程图纸名称输入,保存时会作为默认的文件名,本工程名称输入为"广联达办公大厦"。

计算规则、定额和清单库选择如图2.2所示。

做法模式:选择纯做法模式。

学习提示

软件提供了两种做法模式:纯做法模式和工程量表模式。工程量表模式与纯做法模式的区别在于:工程量表模式针对构件需要计算的工程量给出了参考列项。

③单击"下一步"按钮,进入"工程信息"界面,如图2.3所示。

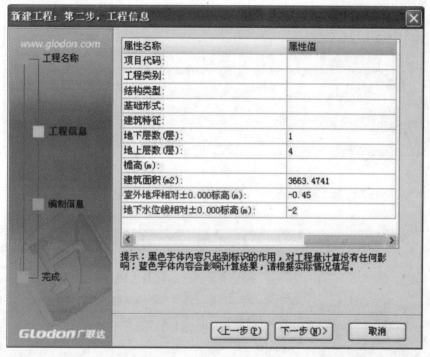

图2.3

在工程信息中,室外地坪相对±0.000标高的数值,需要根据实际工程的情况进行输入。本样例工程的信息输入如图2.3所示。

室外地坪相对±0.000标高会影响到土方工程量计算,可根据《办公大厦建筑工程图》建施-9中的室内外高差确定。

灰色字体输入的内容只起到标识作用,所以地上层数、地下层数也可以不按图纸实际输入。

④单击"下一步"按钮,进入"编制信息"界面,如图2.4所示,根据实际工程情况添加相应的内容,汇总时会反映到报表里。

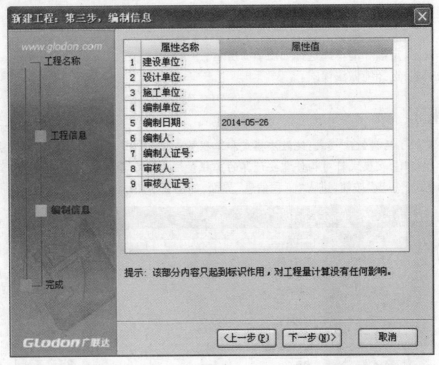

图2.4

⑤单击"下一步"按钮,进入"完成"界面,这里显示了工程信息和编制信息,如图2.5
所示。

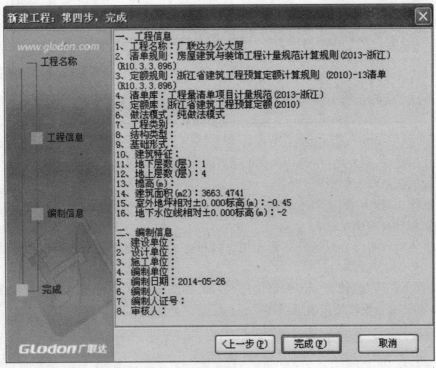

图2.5

⑥单击"完成"按钮,完成新建工程,切换到"工程信息"界面,该界面显示了新建工程的工程信息,供用户查看和修改,如图2.6所示。

	属性名称	属性值
1	□ 工程信息	
2	工程名称:	广联达办公大厦
3	清单规则:	房屋建筑与装饰工程计量规范计算规则(2013-浙江)(R10.3.3.896)
4	定额规则:	浙江省建筑工程预算定额计算规则(2010)-13清单(R10.3.3.896)
5	清单库:	工程量清单项目计量规范(2013-浙江)
6	定额库:	浙江省建筑工程预算定额(2010)
7	做法模式:	纯做法模式
8	项目代码:	
9	工程类别:	
10	结构类型:	
11	基础形式:	
12	建筑特征:	
13	地下层数(层):	1
14	地上层数(层):	4
15	檐高(m):	16.05
16	建筑面积(m2):	3663.4741
17	室外地坪相对±0.000标高(m):	-0.45
18	地下水位线相对±0.000标高(m):	-2
19	□ 编制信息	
20	建设单位:	
21	设计单位:	
22	施工单位:	
23	编制单位:	
24	编制日期:	2014-05-26
25	编制人:	
26	编制人证号:	
27	审核人:	
28	审核人证号:	

图2.6

2)建立楼层

(1)分析图纸

层高的确定按照结施-4中"结构层高"建立。

(2)建立楼层

①软件默认给出首层和基础层。在本工程中,基础层的筏板厚度为500mm,在基础层的层高位置输入0.5,板厚按照本层的筏板厚度输入为500mm。

②首层的结构底标高输入为-0.1,层高输入为3.9m,本层最常用的板厚为120mm。鼠标左键选择首层所在的行,单击"插入楼层",添加第2层,2层的高度输入为3.9m,最常用的板厚为120mm。

③按照建立2层同样的方法,建立3至5层,5层层高为4.0m,可以按照图纸把5层的名称修改为"机房层"。单击"基础层",插入楼层,地下一层的层高为4.3m。各层建立后,如图2.7所示。

	楼层序号	名称	层高(m)	首层	底标高(m)	相同层数	现浇板厚(mm)	建筑面积(m2)
1	5	机房层	4.000	☐	15.500	1	120	
2	4	第4层	3.900	☐	11.600	1	120	
3	3	第3层	3.900	☐	7.700	1	120	
4	2	第2层	3.900	☐	3.800	1	120	
5	1	首层	3.900	☑	-0.100	1	120	
6	-1	第-1层	4.300	☐	-4.400	1	120	
7	0	基础层	0.500		-4.900	1	120	

图 2.7

（3）标号设置

从"结构设计总说明（一）"第八条"2.混凝土"中可知各层构件混凝土标号。

从第八条"5.砌体（填充墙）"中分析，砂浆基础采用 M5 水泥砂浆，一般部位为 M5 混合砂浆。

在楼层设置下方是软件中的标号设置，用来集中统一管理构件混凝土标号、类型，砂浆标号、类型；对应构件的标号设置好后，在绘图输入新建构件时，会自动取这里设置的标号值。同时，标号设置适用于对定额进行楼层换算。

四、任务结果

本任务的结果如图 2.7 所示。

2.1.2　建立轴网

通过本小节的学习，你将能够：
(1)定义楼层及各类构件混凝土标号设置；
(2)按图纸定义轴网。

一、任务说明

根据《办公大厦建筑工程图》，在软件中完成轴网建立。

二、任务分析

①建施与结施图中采用什么图的轴网最全面？
②轴网中上、下、左、右开间如何确定？

三、任务实施

1）建立轴网

楼层建立完毕后，切换到"绘图输入"界面。首先，要建立轴网。施工时是用放线来定位建筑物的位置，使用软件做工程时则是用轴网来定位构件的位置。

（1）分析图纸

由建施-3可知，该工程的轴网是简单的正交轴网，上下开间在⑨—⑪轴轴距不同，左右进深轴距都相同。

（2）轴网的定义

①切换到绘图输入界面之后，选择模块导航栏构件树中的"轴线"→"轴网"，单击右键，选择"定义"按钮，将软件切换到轴网的定义界面。

②单击"新建"按钮，选择"新建正交轴网"，新建"轴网-1"。

③输入"下开间"：在"常用值"下面的列表中选择要输入的轴距，双击鼠标即添加到轴距中；或者在"添加"按钮下的输入框中输入相应的轴网间距，单击"添加"按钮或按"Enter"键即可；按照图纸从左到右的顺序，下开间依次输入 4800，4800，4800，7200，7200，7200，4800，4800，4800；本轴网上下开间在⑨—⑪轴不同，需要在上开间中也输入轴距。

④切换到"上开间"的输入界面，按照同样的方法，依次输入为 4800，4800，4800，7200，7200，7200，4800，4800，1900，2900。

⑤输入完上下开间之后，单击轴网显示界面上方的"轴号自动生成"命令，软件自动调整轴号与图纸一致。

⑥切换到"左进深"的输入界面，按照图纸从下到上的顺序，依次输入左进深的轴距为7200，6000，2400，6900。因为左右进深轴距相同，所以右进深可以不输入。

⑦可以看到，右侧的轴网图显示区域已经显示了定义的轴网，轴网定义完成，如图 2.8 所示。

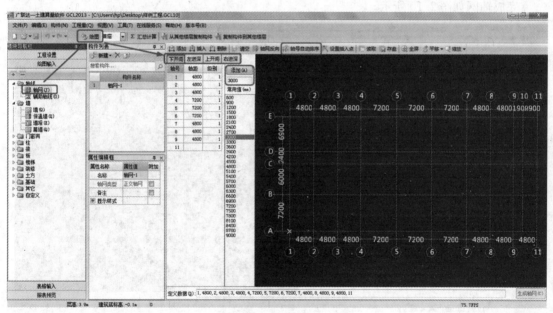

图 2.8

2）轴网的绘制

（1）绘制轴网

①轴网定义完毕后，单击"绘图"按钮，切换到绘图界面。

②弹出"请输入角度"对话框，提示用户输入定义轴网需要旋转的角度。本工程轴网为水平竖直向的正交轴网，旋转角度按软件默认输入"0"即可，如图 2.9 所示。

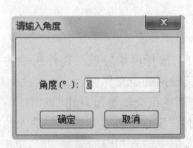

图 2.9

③单击"确定"按钮,绘图区显示轴网,这样就完成了对本工程轴网的定义和绘制。

（2）轴网的其他功能

①设置插入点:用于轴网拼接,可以任意设置插入点(不在轴线交点处或在整个轴网外都可以设置)。

②修改轴号和轴距:当检查已经绘制的轴网有错误时,可以直接修改。

③软件提供了辅助轴线,用于构件辅轴定位。辅轴在任意图层都可以直接添加。辅轴主要有:两点、平行、点角、圆弧。

四、任务结果

完成轴网如图 2.10 所示。

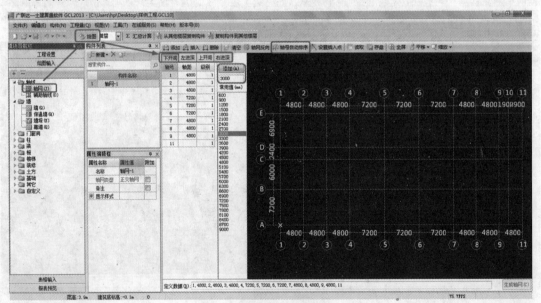

图 2.10

五、总结拓展

①新建工程中,主要确定工程名称、计算规则以及做法模式。蓝色字体的参数值影响工程量计算,按照图纸输入,其他信息只起标识作用。

②首层标记:在楼层列表中的首层列,可以选择某一层作为首层;勾选后,该层作为首层,

相邻楼层的编码自动变化,基础层的编码不变。

③底标高:是指各层的结构底标高,软件中只允许修改首层的底标高,其他层标高自动按层高反算。

④相同板厚:是软件给的默认值,可以按工程图纸中最常用的板厚设置;在绘图输入新建板时,会自动默认取这里设置的数值。

⑤建筑面积:是指各层建筑面积图元的建筑面积工程量,为只读。

⑥可以按照结构设计总说明,对应构件选择标号和类型。对修改的标号和类型,软件会以反色显示。在首层输入相应的数值完毕后,可以使用右下角的"复制到其他楼层"命令,把首层的数值复制到参数相同的楼层。各个楼层的标号设置完成后,就完成了对工程楼层的建立,可以进入绘图输入进行建模计算。

⑦有关轴网的编辑、辅助轴线的详细操作,请查阅"帮助"菜单中的"文字帮助"→"绘图输入"→"轴线"。

⑧建立轴网时,输入轴距有两种方法:常用的数值可以直接双击;常用值中没有的数据直接添加即可。

⑨当上下开间或者左右进深轴距不一样时(即错轴),可以使用轴号自动生成将轴号排序。

⑩比较常用的建立辅助轴线的功能:二点辅轴(直接选择两个点绘制辅助轴线);平行辅轴(建立平行于任意一条轴线的辅助轴线);圆弧辅轴(可以通过选择 3 个点绘制辅助轴线)。

⑪在任何界面下都可以添加辅轴。轴网绘制完成后,就进入"绘图输入"部分。绘图输入部分可以按照后面章节的流程进行。

⑫软件的页面介绍如图 2.11 所示。

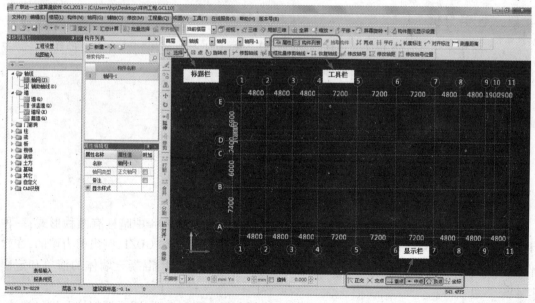

图 2.11

2.2 首层工程量计算

通过本节的学习,你将能够:

(1)定义柱、剪力墙、梁、板、门窗等构件;

(2)绘制柱、剪力墙、梁、板、门窗等图元;

(3)掌握暗梁、暗柱、连梁在 GCL2013 软件中的处理方法。

2.2.1 首层柱的工程量计算

通过本小节的学习,你将能够:

(1)依据定额和清单确定柱的分类和工程量计算规则;

(2)定义矩形柱、圆形柱、参数化端柱的属性并套用做法;

(3)绘制本层柱图元;

(4)统计本层柱的个数及工程量。

一、任务说明

①完成首层矩形柱、圆形柱及异形端柱的定义、做法套用、图元绘制。

②汇总计算,统计本层柱的工程量。

二、任务分析

①各种柱在计量时的主要尺寸是哪些? 从什么图中什么位置找到? 有多少种柱?

②工程量计算中柱的分类都有哪些? 都套用什么定额?

③软件如何定义各种柱? 各种异形截面端柱如何处理?

④构件属性、做法、图元之间有什么关系?

⑤如何统计本层柱的清单工程量和定额工程量?

三、任务实施

1)分析图纸

①在框架剪力墙结构中,暗柱的工程量并入墙体计算。结施-4 中暗柱有两种形式:一种和墙体一样厚,如 GJZ1 的形式,作为剪力墙处理;另一种为端柱如 GDZ1,突出剪力墙的,在软件中类似 GDZ1 这种端柱可以定义为异形柱,在做法套用时套用混凝土墙体的清单和定额子目。

②从结施-5 的柱表中得到柱的截面信息,本层包括矩形框架柱、圆形框架柱及异形端柱,主要信息如表 2.1 所示。

表2.1　柱表

序　号	类　　型	名　称	混凝土标号	截面尺寸(mm)	标　　高	备　注
1	矩形框架柱	KZ1	C30	600×600	-0.100～+3.800	
		KZ6	C30	600×600	-0.100～+3.800	
		KZ7	C30	600×600	-0.100～+3.800	
2	圆形框架柱	KZ2	C30	D=850	-0.100～+3.800	
		KZ4	C30	D=500	-0.100～+3.800	
		KZ5	C30	D=500	-0.100～+3.800	
3	异形端柱	GDZ1	C30	详见结施-6柱截面尺寸	-0.100～+3.800	
		GDZ2	C30		-0.100～+3.800	
		GDZ3	C30		-0.100～+3.800	
		GDZ4	C30		-0.100～+3.800	

2)现浇混凝土柱清单、定额计算规则学习

(1)清单计算规则(见表2.2)

表2.2　柱清单计算规则

编　号	项目名称	单　位	计算规则
010502001	矩形柱	m³	按设计图示尺寸以体积计算。柱高： 1.有梁板的柱高,应自柱基上表面(或楼板上表面)至上一层楼板上表面之间的高度计算； 2.无梁板的柱高,应自柱基上表面(或楼板上表面)至柱帽下表面之间的高度计算；
010502003	异形柱	m³	3.框架柱的柱高:应自柱基上表面至柱顶高度计算； 4.构造柱按全高计算,嵌接墙体部分(马牙槎)并入柱身体积； 5.依附柱上的牛腿和升板的柱帽,并入柱身体积计算
010504001	直形墙	m³	按设计图示尺寸以体积计算,扣除门窗洞口及单个面积>0.3m²的孔洞所占体积,墙垛及突出墙面部分并入墙体体积内计算
011702002	矩形柱	m²	
011702004	异形柱	m²	按模板与现浇混凝土构件的接触面积计算
011702011	直形墙	m²	

（2）定额计算规则（见表2.3）

表2.3　柱定额计算规则

编　号	项目名称	单　位	计算规则
4-79	现浇商品混凝土（泵送）建筑物混凝土　矩形柱、异形柱、圆形柱	m³	同清单计算规则
4-89	现浇商品混凝土（泵送）建筑物混凝土　直形、弧形墙	m³	
4-156	建筑物模板　矩形柱　复合木模	m²	按混凝土与模板接触面的面积以"m²"计量,应扣除构件平行交接及 0.3m² 以上的构件垂直交接处的面积
4-158	建筑物模板　异形柱、圆形柱　复合木模	m²	
4-182	建筑物模板　直形墙　复合木模	m²	

3）柱的属性定义

（1）矩形框架柱 KZ-1

①在模块导航栏中单击"柱"→"柱",单击"定义"按钮,进入柱的定义界面,单击构件列表中的"新建"→"新建矩形柱",如图 2.12 所示。

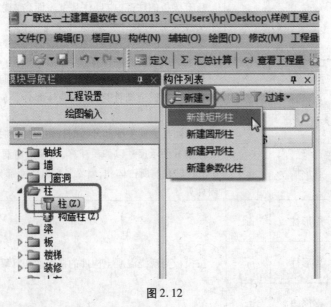

图 2.12

②在属性编辑框中输入相应的属性值,框架柱的属性定义如图 2.13 所示。

（2）圆形框架柱 KZ-2

单击"新建"→"新建圆形柱",方法同矩形框架柱属性定义。圆形框架柱的属性定义如图 2.14 所示。

属性名称	属性值	附加
名称	KZ-1 -0.1~15.5	
类别	框架柱	☐
材质	现浇混凝土	☐
砼标号	(C35)	☐
砼类型	(现浇砼 碎石16mm 32.5)	☐
截面宽度(	600	☑
截面高度(	600	☑
截面面积(m	0.36	
截面周长(m	2.4	
顶标高(m)	层顶标高	
底标高(m)	层底标高	

图 2.13

属性名称	属性值	附加
名称	KZ-2 -0.1~7.7	
类别	框架柱	☐
材质	现浇混凝土	☐
砼标号	(C35)	☐
砼类型	(现浇砼 碎石16mm 32.5)	☐
半径(mm)	425	☑
截面面积(m	0.567	
截面周长(m	2.67	
顶标高(m)	层顶标高	
底标高(m)	层底标高	

图 2.14

（3）参数化端柱 GDZ1

①单击"新建"→"新建参数化柱"。

②在弹出的"选择参数化图形"对话框中,选择"参数化截面类型"为"端柱",选择"DZ-a2",参数输入 $a=250$,$b=0$,$c=350$,$d=300$,$e=350$,$f=250$,如图 2.15 所示。

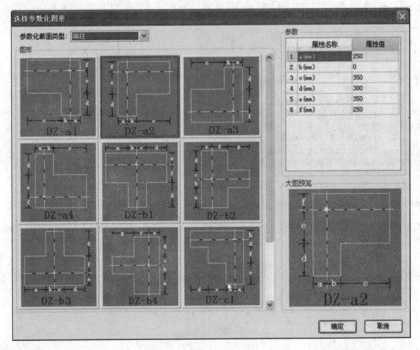

图 2.15

③参数化端柱的属性定义,如图 2.16 所示。

属性名称	属性值	附加
名称	GDZ1 -0.1	
类别	端柱	☐
材质	现浇混凝	☐
砼标号	(C35)	☐
砼类型	(现浇砼	☐
截面宽度(	600	☑
截面高度(	600	☑
截面面积(m	0.36	
截面周长(m	2.4	
顶标高(m)	层顶标高	☐
底标高(m)	层底标高	☐
是否为人防	否	☐
备注		☐
⊞ 计算属性		
⊞ 显示样式		

图 2.16

4)做法套用

柱构件定义好后,需要进行套用做法操作。套用做法是指构件按照计算规则计算汇总出做法工程量,方便进行同类项汇总,同时与计价软件数据接口。构件套用做法,可以通过手动添加清单定额、查询清单定额库添加、查询匹配清单定额添加、查询匹配外部清单添加来进行。

①KZ-1 的做法套用,如图 2.17 所示。

	编码	类别	项目名称	项目特征	单位	工程量表达式	表达式说明	措施项目	专业
1	− 010502001001	项	矩形柱	1、混凝土强度等级：C30 2、混凝土种类：商品混凝土	m3	TJ	TJ〈体积〉	☐	建筑工程
2	4-79 HD4330 22 0433024	换	现浇商品混凝土(泵送)建筑物混凝土 矩形柱、异形柱、圆形柱 换为【泵送商品混凝土 C30】		m3	TJ	TJ〈体积〉	☐	建筑
3	− 011702002002	项	矩形柱	1.矩形柱，层高3.9m	m2	MBMJ	MBMJ〈模板面积〉	☑	建筑工程
4	4-156 D3.9	换	建筑物模板 矩形柱 复合木模 实际高度(m):3.9		m2	MBMJ	MBMJ〈模板面积〉	☑	建筑

示意图 查询匹配清单 查询匹配定额 查询清单库 查询匹配外部清单 查询措施 查询定额库

图 2.17

②GDZ1 的做法套用,如图 2.18 所示。

	编码	类别	项目名称	项目特征	单位	工程量表达式	表达式说明	措施项目	专业
1	011702011001	项	直形墙	1.直形墙，层高3.9m	m2	MBMJ	MBMJ〈模板面积〉	☑	建筑工程
2	4-182 D3.9	换	建筑物模板 直形墙 复合木模 实际高度(m):3.9		m2	MBMJ	MBMJ〈模板面积〉	☑	建筑
3	− 010504001004	项	直形墙	1、混凝土强度等级：C30 2、混凝土种类：商品混凝土 3、墙厚：100MM以上	m3	TJ	TJ〈体积〉	☐	建筑工程
4	4-89 HD4330 22 0433024	换	现浇商品混凝土(泵送)建筑物混凝土、直形墙 墙厚10cm以上 换为【泵送商品混凝土C30】		m3	TJ	TJ〈体积〉	☐	建筑

图 2.18

5)柱的画法讲解

柱定义完毕后,单击"绘图"按钮,切换到绘图界面。

（1）点绘制

通过构件列表选择要绘制的构件 KZ-1，鼠标捕捉②轴与Ⓔ轴的交点，直接单击鼠标左键即可完成柱 KZ-1 的绘制，如图 2.19 所示。

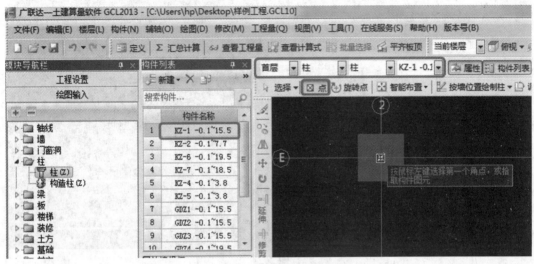

图 2.19

（2）偏移绘制

偏移绘制常用于绘制不在轴线交点处的柱，④轴上的 KZ-4 不能直接用鼠标选择点绘制，需要使用"Shift 键+鼠标左键"相对于基准点偏移绘制。

①把鼠标放在Ⓑ轴和④轴的交点处，同时按下键盘上的"Shift"键和鼠标左键，弹出"输入偏移量"对话框；由图纸可知，KZ-4 的中心相对于Ⓑ轴与④轴交点向下偏移 2250mm，在对话框中输入 X＝"0"，Y＝"-2000-250"，表示水平向偏移量为 0，竖直方向向下偏移 2250mm，如图 2.20 所示。

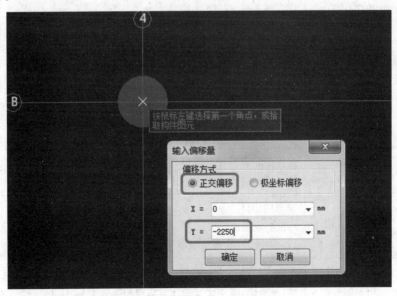

图 2.20

②单击"确定"按钮,KZ-4 就偏移到指定位置了,如图 2.21 所示。

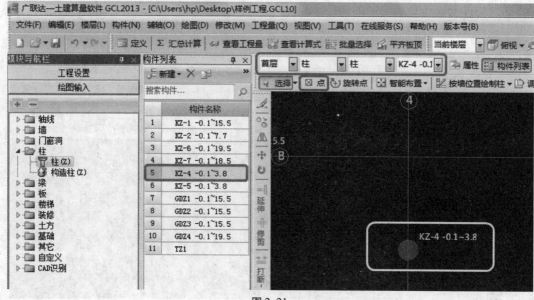

图 2.21

四、任务结果

单击模块导航栏的"报表预览",单击"清单定额汇总表",再单击"设置报表范围",查看框架柱和端柱的工程量,如表 2.4 所示。

表 2.4　柱清单定额工程量

序　号	项目编码	项目名称及特征	单　位	工程量
1	010502001001	矩形柱 1. 混凝土强度等级:C30 2. 混凝土种类:商品混凝土	m³	32.292
	4-79 H0433022 0433024	现浇商品混凝土(泵送) 建筑物混凝土 矩形柱、异形柱、圆形柱 换为【泵送商品混凝土 C30】	10m³	3.2292
2	010502001002	矩形柱 1. 混凝土强度等级:C25 2. 混凝土种类:商品混凝土	m³	0.495
	4-79 H0433022 0433023	现浇商品混凝土(泵送) 建筑物混凝土 矩形柱、异形柱、圆形柱 换为【泵送商品混凝土 C25】	10m³	0.0495
3	010502003001	异形柱 圆柱 1. 混凝土强度等级:C30 2. 混凝土种类:商品混凝土	m³	12.0837
	4-79 H0433022 0433024	现浇商品混凝土(泵送) 建筑物混凝土 矩形柱、异形柱、圆形柱 换为【泵送商品混凝土 C30】	10m³	1.2084

续表

序号	项目编码	项目名称及特征	单位	工程量
4	010504001004	直形墙 1.混凝土强度等级:C30 2.混凝土种类:商品混凝土 3.墙厚:100mm 以上	m³	0
	4-89 H0433022 0433024	现浇商品混凝土(泵送)建筑物混凝土 直形、弧形墙 墙厚 10cm 以上 换为【泵送商品混凝土 C30】	10m³	0
5	011702002002	矩形柱 1.矩形柱,层高 3.9m	m²	199.1045
	4-156 D3.9	建筑物模板 矩形柱 复合木模 实际高度(m):3.9	100m²	1.991
6	011702002002	矩形柱 1.矩形柱 TZ,层高 3.6m 内	m²	8.14
	4-156	建筑物模板 矩形柱 复合木模	100m²	0.0814
7	011702004002	异形柱 圆柱 1.圆形柱,层高 3.9m	m²	76.6325
	4-158 D3.9	建筑物模板 异形柱、圆形柱 复合木模 实际高度(m):3.9	100m²	0.7663
8	011702011001	直形墙 1.直形墙,层高 3.9m	m²	0
	4-182 D3.9	建筑物模板 直形墙 复合木模 实际高度(m):3.9	100m²	0

五、总结拓展

镜 像

通过图纸分析可知,①—⑤轴间的柱与⑥—⑪轴间的柱是对称的,因此在绘图时可以使用一种简单的方法,即先绘制①—⑤轴间的柱,然后使用"镜像"功能绘制⑥—⑪轴间的柱。

选中①—⑤轴间的柱,单击右键选择"镜像",把显示栏的"中点"点中,捕捉⑤—⑥轴的中点,可以看到屏幕上有一个黄色的三角形(见图 2.22),选中第二点(见图 2.23),单击右键确定即可。

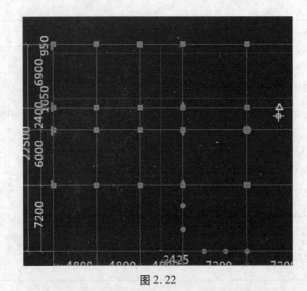

图 2.22

如图 2.23 所示,在显示栏的地方会提示需要进行的下一步操作。

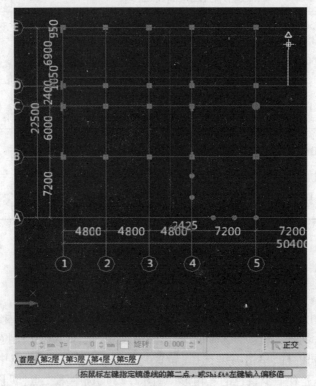

图 2.23

思考与练习

(1)在绘图界面怎样调出柱属性编辑框对图元属性进行修改?

(2)在参数化柱模型里面找不到的异形柱如何定义?

(3)在柱定额子目里面找不到所需要的子目,如何定义该柱构件做法?

2.2.2 首层剪力墙的工程量计算

通过本小节的学习,你将能够:

(1)掌握连梁在软件中的处理方法;

(2)定义墙的属性;

(3)绘制墙图元;

(4)统计本层墙的阶段性工程量。

一、任务说明

①完成首层剪力墙的属性定义、做法套用及图元绘制。

②汇总计算,统计本层剪力墙的工程量。

二、任务分析

①剪力墙在计量时的主要尺寸是哪些? 从什么图中什么位置找到?

②剪力墙的暗柱、端柱分别是如何套用清单定额的? 如何用直线、偏移命令来绘制剪力墙?

③当剪力墙墙中心线与轴线不重合时如何处理?

④电梯井壁剪力墙的施工措施有什么不同?

三、任务实施

1)分析图纸

(1)分析剪力墙

分析图纸结施-5、结施-1,可以得出剪力墙的信息,如表2.5所示。

表2.5 剪力墙表

序 号	类 型	名 称	混凝土标号	墙厚(mm)	标 高	备 注
1	外墙	Q-1	C30	250	−0.1 ~ +3.8	
2	内墙	Q1	C30	250	−0.1 ~ +3.8	
3	内墙	Q1 电梯	C30	250	−0.1 ~ +3.8	
4	内墙	Q2 电梯	C30	200	−0.1 ~ +3.8	

(2)分析连梁

连梁是剪力墙的一部分。

①结施-5 中①轴和⑩轴的剪力墙上有 LL4,尺寸为 250mm×1200mm,梁顶相对标高差 +0.6m;建施-3 中 LL4 下方是 LC3,尺寸为 1500mm×2700mm;建施-12 中 LC3 离地高度

700mm。可以得知,剪力墙 Q-1 在Ⓒ轴和Ⓓ轴之间只有 LC3。所以,可以直接绘制 Q-1,然后绘制 LC3,不用绘制 LL4。

②结施-5 中Ⓓ轴和⑦轴的剪力墙上有 LL1,建施-3 中 LL1 下方没有门窗洞,可以在 LL1 处把剪力墙断开,然后绘制 LL1。

③结施-5 中④轴电梯洞口处 LL2、建施-3 中 LL3 下方没有门窗洞,如果按段绘制剪力墙不易找交点,所以剪力墙 Q1 通画,然后绘制洞口,不绘制 LL2。

做工程时遇到剪力墙上是连梁下是洞口的情况,可以比较②与③哪个更方便使用一些。本工程采用③的方法对连梁进行处理,绘制洞口在绘制门窗时介绍,Q1 通长绘制暂不作处理。

（3）分析暗梁、暗柱

暗梁、暗柱是剪力墙的一部分。类似 YJZ1 这种和墙厚一样的暗柱,此位置的剪力墙通长绘制,YJZ1 不再进行绘制。类似 GDZ1 这种暗柱,我们把其定义为异形柱并进行绘制,在做法套用时按照剪力墙的做法套用清单、定额。

2）清单、定额计算规则学习

（1）清单计算规则（见表 2.6）

表 2.6　墙清单计算规则

编　号	项目名称	单　位	计算规则
010504001	直形墙	m^3	按设计图示尺寸以体积计算,扣除门窗洞口及单个面积>0.3 m^2 的孔洞所占体积,墙垛及突出墙面部分并入墙体体积内计算
011702011	直形墙	m^2	按模板与现浇混凝土构件的接触面积计算

（2）定额计算规则（见表 2.7）

表 2.7　墙定额计算规则

编　号	项目名称	单　位	计算规则
4-89	现浇商品混凝土（泵送）建筑物混凝土 直形、弧形墙	m^2	同清单计算规则
4-182	建筑物模板 直形墙 复合木模	m^2	按混凝土与模板接触面的面积以"m^2"计量,应扣除构件平行交接及 0.3 m^2 以上的构件垂直交接处的面积

3）墙的属性定义

（1）新建外墙

在模块导航栏中单击"墙"→"墙",单击"定义"按钮,进入墙的定义界面,在构件列表中单击"新建"→"新建外墙",如图 2.24 所示。在属性编辑框中对图元属性进行编辑,如图 2.25 所示。

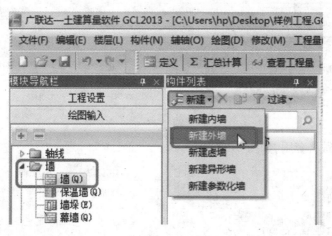

图 2.24

（2）通过复制建立新构件

通过对图纸进行分析可知，Q-1 和 Q1 的材质、高度是一样的，区别在于墙体的名称和厚度不同，选中"构件 Q-1"，单击右键选择"复制"（见图 2.26），软件自动建立名为"Q-2"的构件，然后对"Q-2"进行属性编辑，外墙改为内墙并改名为 Q1。

属性名称	属性值	附加
名称	Q-1	
类别	混凝土墙	☐
材质	现浇混凝	☐
砼标号	(C35)	☐
砼类型	(现浇砼	☐
厚度 (mm)	250	☑
起点顶标高	层顶标高	☐
终点顶标高	层顶标高	☐
起点底标高	层底标高	☐
终点底标高	层底标高	☐
轴线距左墙	(125)	☐
判断短肢剪	程序自动	
内/外墙标	外墙	☑
图元形状	直形	☐
是否为人防	否	☐
备注		☐
⊞ 计算属性		
⊞ 显示样式		

图 2.25

图 2.26

4）做法套用

①Q-1 的做法套用，如图 2.27 所示。

编码	类别	项目名称	项目特征	单位	工程量表达式	表达式说明	措施项目	专业
1	011702011001	项	直形墙	1.直形墙,层高3.9m	m2	JLQMBMJQD	JLQMBMJQD〈剪力墙模板面积(清单)〉	☑	建筑工程
2	4-182 D3.9	换	建筑物模板 直形墙 复合木模 实际高度(m):3.9		m2	MBMJ	MBMJ〈模板面积〉	☑	建筑
3	010504001004	项	直形墙	1、混凝土强度等级: C30 2、混凝土种类: 商品混凝土 3、墙厚: 100MM以上	m3	JLQTJQD	JLQTJQD〈剪力墙体积(清单)〉	☐	建筑工程
4	4-89 H0433 022 043302 4	换	现浇商品混凝土(泵送)建筑物混凝土 直形、弧形墙 墙厚10cm以上 换为〈泵送商品混凝土 C30〉		m3	TJ	TJ〈体积〉	☐	建筑

图 2.27

②Q1 电梯的做法套用,如图 2.28 所示。

编码	类别	项目名称	项目特征	单位	工程量表达式	表达式说明	措施项	专业
1	010504001001	项	直形墙 电梯井壁	1、部位: 电梯井壁 2、混凝土强度等级: C30 3、混凝土种类: 商品混凝土	m3	JLQTJQD	JLQTJQD〈剪力墙体积(清单)〉	☐	建筑工程
2	4-89 H0433 022 043302 4	换	现浇商品混凝土(泵送)建筑物混凝土 直形、弧形墙 墙厚10cm以上 换为〈泵送商品混凝土 C30〉		m3	TJ	TJ〈体积〉	☐	建筑
3	011702013001	项	电梯井壁	1.电梯井壁,层高3.9m	m2	JXZMBMJQD	JXZMBMJQD〈矩形柱模板面积(清单)〉	☑	建筑工程
4	4-182 D3.9	换	建筑物模板 直形墙 复合木模 实际高度(m):3.9		m2	MBMJ	MBMJ〈模板面积〉	☑	建筑

图 2.28

5)画法讲解

剪力墙定义完毕后,单击"绘图"按钮,切换到绘图界面。

（1）直线绘制

通过构件列表选择要绘制的构件 Q-1,鼠标左键单击 Q-1 的起点①轴与Ⓑ轴的交点,鼠标左键单击 Q-1 的终点①轴与Ⓔ轴的交点即可。

（2）偏移

①轴的 Q-1 绘制完成后与图纸进行对比,发现图纸上位于①轴线上的 Q-1 并非居中于轴线,选中 Q-1,单击"偏移",输入"175"mm,如图 2.29 所示。在弹出的"是否要删除原来图元"对话框中,选择"是"按钮即可。

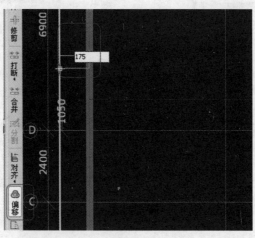

图 2.29

（3）借助辅助轴线绘制墙体

从图纸上可知 Q2 电梯的墙体并非位于轴线上,这时需要针对 Q2 电梯的位置建立辅助轴线。参见建施-3、建施-15,确定 Q2 电梯的位置,单击"辅助轴线""平行",再单击④轴,在弹出的对话框中"偏移距离 mm"输入"-2425",然后单击"确定"按钮;再选中Ⓔ轴,在弹出的对话框中"偏移距离 mm"输入"-950";再选中Ⓓ轴,在弹出的对话框中"偏移距离 mm"输入"1050"。辅助轴线建立完毕,在"构件列表"中选择 Q2 电梯,在黑色绘图界面进行 Q2 电梯的绘制,绘制完成后单击"保存"按钮即可。

四、任务结果

绘制完成后进行汇总计算,按"F9"键查看报表,单击"设置报表范围",只选择"墙"的报表范围,单击"确定"按钮,如图 2.30 所示。本层剪力墙的工程量如表 2.8 所示。

图 2.30

表 2.8　剪力墙清单定额工程量

序　号	项目编码	项目名称及特征	单　位	工程量
1	010504001001	直形墙 电梯井壁 1.部位:电梯井壁 2.混凝土强度等级:C30 3.混凝土种类:商品混凝土	m³	12.4875
	4-89 H0433022 0433024	现浇商品混凝土(泵送) 建筑物混凝土 直形、弧形墙 墙厚10cm 以上 换为【泵送商品混凝土 C30】	10m³	1.2488

续表

序　号	项目编码	项目名称及特征	单　位	工程量
2	010504001004	直形墙 1.混凝土强度等级:C30 2.混凝土种类:商品混凝土 3.墙厚:100mm 以上	m³	62.7413
	4-89 H0433022 0433024	现浇商品混凝土(泵送) 建筑物混凝土 直形、弧形墙 墙厚10cm 以上 换为【泵送商品混凝土 C30】	10m³	6.2741
3	011702011001	直形墙 1.直形墙,层高 3.9m	m²	447.496
	4-182 D3.9	建筑物模板 直形墙 复合木模 实际高度(m):3.9	100m²	4.475
4	011702013001	电梯井壁 1.电梯井壁,层高 3.9m	m²	117.76
	4-182 D3.9	建筑物模板 直形墙 复合木模 实际高度(m):3.9	100m²	1.1776

五、总结拓展

①虚墙只起分割封闭作用,不计算工程量,也不影响工程量的计算。

②在对构件进行属性编辑时,属性编辑框中有两种颜色的字体:蓝色字体和灰色字体。蓝色字体显示的是构件的公有属性,灰色字体显示的是构件的私有属性。对公有属性部分进行操作,所做的改动对所有同名称构件起作用。

③对属性编辑框中"附加"进行勾选,方便用户对所定义的构件进行查看和区分。

④软件对内外墙定义的规定:软件为方便外墙布置,建筑面积、平整场地等部分智能布置功能,需要人为区分内外墙。

思考与练习

(1)Q1 为什么要区别内、外墙定义?

(2)电梯井壁墙的内侧模板是否存在超高?

(3)电梯井壁墙的内侧模板和外侧模板是否套用的为同一定额?

2.2.3　首层梁的工程量计算

通过本小节的学习,你将能够:

(1)依据定额和清单分析梁的工程量计算规则;

（2）定义梁的属性定义；

（3）绘制梁图元；

（4）统计本层梁的工程量。

一、任务说明

①完成首层梁的属性定义、做法套用及图元绘制。

②汇总计算，统计本层梁的工程量。

二、任务分析

①梁在计量时的主要尺寸是哪些？从什么图中什么位置找到？有多少种梁？

②梁是如何套用清单、定额的？软件中如何处理变截面梁？

③梁的标高如何调整？起点顶标高和终点顶标高不同会有什么结果？

④绘制梁时如何使用"Shift+左键"实现精确定位？

⑤各种不同名称梁如何能快速套用做法？

三、任务实施

1）分析图纸

①分析结施-5，从左至右、从上至下，本层有框架梁、屋面框架梁、非框架梁、悬梁4种。

②框架梁KL1～KL8、屋面框架梁WKL1～WKL3、非框架梁L1～L12、悬梁XL1，主要信息如表2.9所示。

表2.9　梁表

序　号	类　型	名　称	混凝土强度等级	截面尺寸(mm)	顶标高	备　注
1	框架梁	KL1	C30	250×500　250×650	层顶标高	变截面
		KL2	C30	250×500　250×650	层顶标高	
		KL3	C30	250×500	层顶标高	
		KL4	C30	250×500　250×650	层顶标高	
		KL5	C30	250×500	层顶标高	
		KL6	C30	250×500	层顶标高	
		KL7	C30	250×600	层顶标高	
		KL8	C30	250×500　250×650	层顶标高	
2	屋面框架梁	WKL1	C30	250×600	层顶标高	
		WKL2	C30	250×600	层顶标高	
		WKL3	C30	250×500	层顶标高	

续表

序 号	类 型	名 称	混凝土强度等级	截面尺寸(mm)	顶标高	备 注
		L1	C30	250×500	层顶标高	
		L2	C30	250×500	层顶标高	
		L3	C30	250×500	层顶标高	
		L4	C30	200×400	层顶标高	
		L5	C30	250×600	层顶标高	
3	非框架梁	L6	C30	250×400	层顶标高	
		L7	C30	250×600	层顶标高	
		L8	C30	200×400	层顶标高	
		L9	C30	250×600	层顶标高	
		L10	C30	250×400	层顶标高	
		L11	C30	250×600	层顶标高	
		L12	C30	250×500	层顶标高	
4	悬梁	XL1	C30	250×500	层顶标高	

2)现浇混凝土梁清单、定额计算规则学习

(1)清单计算规则(见表2.10)

表2.10 梁清单计算规则

编 号	项目名称	单 位	计算规则
010503002	矩形梁	m³	按设计图示尺寸以体积计算。伸入墙内的梁头、梁垫并入梁体积内。梁长: 1.梁与柱连接时,梁长算至柱侧面; 2.主梁与次梁连接时,次梁长算至主梁侧面
011702006	矩形梁	m²	按模板与现浇混凝土构件的接触面积计算

(2)定额计算规则(见表2.11)

表2.11 梁定额计算规则

编 号	项目名称	单 位	计算规则
4-83	现浇商品混凝土(泵送)建筑物混凝土 单梁、连续梁、异形梁、弧形梁、吊车梁	m³	同清单计算规则
4-165	建筑物模板 矩形梁 复合木模	m²	按混凝土与模板接触面的面积以"m²"计量,应扣除构件平行交接及0.3m²以上的构件垂直交接处的面积

3)属性定义

（1）框架梁

在模块导航栏中单击"梁"→"梁"，单击"定义"按钮，进入梁的定义界面，在构件列表中单击"新建"→"新建矩形梁"，新建矩形梁 KL-1，根据 KL-1(9)在图纸中的集中标注，在属性编辑框中输入相应的属性值，如图 2.31 所示。

（2）屋框梁

屋框梁的属性定义同上面框架梁，如图 2.32 所示。

属性名称	属性值	附加
名称	KL-1	
类别1	框架梁	☐
类别2		☐
材质	现浇混凝	☐
砼标号	(C35)	☐
砼类型	(现浇砼	☐
截面宽度(	250	☑
截面高度(	500	☑
截面面积(m	0.125	☐
截面周长(m	1.5	☐
起点顶标高	层顶标高	☐
终点顶标高	层顶标高	☐
轴线距梁左	(125)	☐
砖胎膜厚度	0	☐
是否计算单	否	☐
图元形状	直形	☐
是否为人防	否	☐
备注		☐
⊞ 计算属性		
⊞ 显示样式		

图 2.31

属性名称	属性值	附加
名称	WKL1	
类别1	框架梁	☐
类别2		☐
材质	现浇混凝	☐
砼标号	(C35)	☐
砼类型	(现浇砼	☐
截面宽度(	250	☑
截面高度(	600	☑
截面面积(m	0.15	☐
截面周长(m	1.7	☐
起点顶标高	层顶标高	☐
终点顶标高	层顶标高	☐
轴线距梁左	(125)	☐
砖胎膜厚度	0	☐
是否计算单	否	☐
图元形状	直形	☐
是否为人防	否	☐
备注		☐
⊞ 计算属性		
⊞ 显示样式		

图 2.32

4)做法套用

梁构件定义好后，需要进行套用做法操作，如图 2.33 所示。

	编码	类别	项目名称	项目特征	单位	工程量表达式	表达式说明	措施项目	专业
1	⊟ 010503002001	项	矩形梁	1、混凝土强度等级：C30 2、混凝土种类：商品混凝土	m3	TJ	TJ〈体积〉	☐	建筑工程
2	4-83 H0433 022 043302 4	换	现浇商品混凝土(泵送) 建筑物基础土、单梁、连续梁、异形梁、弧形梁、吊车梁 换为【泵送商品混凝土 C3 0】		m3	TJ	TJ〈体积〉	☐	建筑
3	⊟ 011702006002	项	矩形梁	1.矩形梁，层高3.9m	m2	MBMJ	MBMJ〈模板面积〉	☑	建筑工程
4	4-165 D3.9	换	建筑物模板 矩形梁 复合木模 实际高度(m):3.9		m2	MBMJ	MBMJ〈模板面积〉	☑	建筑

图 2.33

5)梁画法讲解

（1）直线绘制

在绘图界面单击"直线"，再单击梁的起点①轴与Ⓓ轴的交点，单击梁的终点④轴与Ⓓ轴的交点即可，如图 2.34 所示。

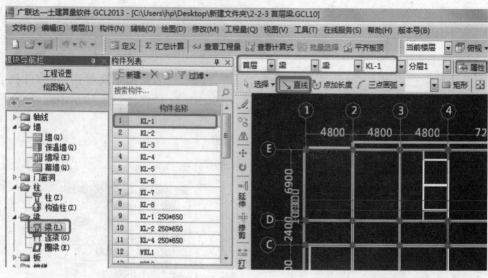

图2.34

（2）镜像绘制梁图元

①—④轴间①轴上的 KL1 与⑦—⑪轴间①轴上的 KL1 是对称的，因此可以采用"镜像"绘制此图元。点选镜像图元，单击右键选择"镜像"，单击对称点一，再单击对称点二，单击右键确认。

四、任务结果

①参照 KL1、WKL1 属性的定义方法，将 KL2～KL8，WKL2、WKL3，L1～L12，XL1 按图纸要求进行定义，然后用直线、对齐、镜像等方法将 KL2～KL8，WKL2、WKL3，L1～L12，XL1 按图纸要求绘制。绘制完后如图 2.35 所示。

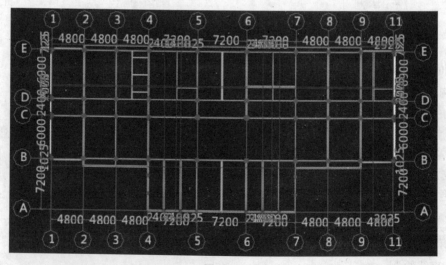

图2.35

②汇总计算，统计首层梁的工程量，如表 2.12 所示。

表2.12　梁清单定额工程量

序　号	项目编码	项目名称及特征	单　位	工程量
1	010503002001	矩形梁 1.混凝土强度等级:C30 2.混凝土种类:商品混凝土	m³	60.169
	4-83 H0433022 0433024	现浇商品混凝土(泵送)建筑物混凝土 单梁、连续梁、异形梁、弧形梁、吊车梁 换为【泵送商品混凝土 C30】	10m³	6.0169
2	011702006002	矩形梁 1.矩形梁,层高3.9m	m²	515.0914
	4-165 D3.9	建筑物模板 矩形梁 复合木模 实际高度(m):3.9	100m²	5.1509

五、总结拓展

①⑥—⑦轴与Ⓓ—Ⓔ轴间的梁标高比层顶标高低0.05,汇总之后选择图元,右键单击属性编辑框可以单独修改该梁的私有属性,更改标高。

②KL1、KL2、KL4、KL8在图纸中有两种截面尺寸,软件是不能定义同名称构件的,因此在定义时需重新加下脚标定义。

③绘制梁构件时,一般先横向后竖向,先框架梁后次梁,避免遗漏。

思考与练习

(1)梁属于线性构件,那么梁可不可以使用矩形绘制? 如果可以,则哪些情况适合用矩形绘制?

(2)智能布置梁后,位置与图纸位置不一样,该怎样调整?

2.2.4　首层板的工程量计算

通过本小节的学习,你将能够:

(1)依据定额和清单分析现浇板的工程量计算规则;

(2)定义板的属性;

(3)绘制板;

(4)统计板的工程量。

一、任务说明

①完成首层板的属性定义、做法套用及图元绘制。

②汇总计算,统计本层板的工程量。

二、任务分析

①首层板在计量时的主要尺寸有哪些?从什么图中什么位置找到?有多少种板?
②板是如何套用清单定额的?
③板的绘制方法有几种?
④各种不同名称板如何能快速套用做法?

三、任务实施

1)分析图纸

分析结施-12可以得到板的截面信息,包括屋面板与普通楼板,主要信息如表2.13所示。

表2.13 板表

序　号	类　型	名称	混凝土标号	板厚 h(mm)	板顶标高	备　注
1	屋面板	WB1	C30	100	层顶标高	
2	普通楼板	LB2	C30	120	层顶标高	
		LB3	C30	120	层顶标高	
		LB4	C30	120	层顶标高	
		LB5	C30	120	层顶标高	
		LB6	C30	120	层顶标高, −0.050	
3	未注明板	Ⓔ轴向外	C30	120	层顶标高	

2)现浇板清单、定额计算规则学习

(1)清单计算规则(见表2.14)

表2.14 板清单计算规则

编　号	项目名称	单　位	计算规则
010505003	平板	m³	按设计图示尺寸以体积计算
011702016	平板	m²	按模板与现浇混凝土构件的接触面积计算

(2)定额计算规则(见表2.15)

表2.15 板定额计算规则

编　号	项目名称	单　位	计算规则
4-86	现浇商品混凝土(泵送)建筑物混凝土 板	m³	同清单计算规则

续表

编 号	项目名称	单 位	计算规则
4-174	建筑物模板 板 复合木模	m²	按混凝土与模板接触面的面积以"m²"计量,应扣除构件平行交接及0.3m²以上的构件垂直交接处的面积

3)属性定义

（1）楼板

在模块导航栏中单击"板"→"现浇板",单击"定义"按钮,进入板的定义界面,在构件列表中单击"新建"→"新建现浇板",新建现浇板 LB-2,根据 LB-2 在图纸中的尺寸标注,在属性编辑框中输入相应的属性值,如图 2.36 所示。

（2）屋面板

屋面板的属性定义与楼板的属性定义相似,如图 2.37 所示。

属性名称	属性值	附加
名称	LB-2	
类别	有梁板	
砼标号	(C35)	
砼类型	(现浇砼)	
厚度(mm)	(120)	
顶标高(m)	层顶标高	
坡度(°)		
是否是楼板	是	
是否是空心	否	
备注		
⊞ 计算属性		
⊞ 显示样式		

图 2.36

属性名称	属性值	附加
名称	WB1	
类别	有梁板	
砼标号	(C35)	
砼类型	(现浇砼)	
厚度(mm)	100	
顶标高(m)	层顶标高	
坡度(°)		
是否是楼板	是	
是否是空心	否	
备注		
⊞ 计算属性		
⊞ 显示样式		

图 2.37

4)做法套用

板构件定义好后,需要进行做法套用,如图 2.38 所示。

	编码	类别	项目名称	项目特征	单位	工程量表达式	表达式说明	措施项目	专业
1	⊟ 010505003001	项	平板	1、混凝土强度等级: C30 2、混凝土种类: 商品混凝土	m3	TJ	TJ〈体积〉	☐	建筑工程
2	└ 4-86 H0433 022 043302 4	换	现浇商品混凝土(泵送) 建筑物混凝土 板 换为【泵送商品混凝土 C30】		m3	TJ	TJ〈体积〉	☑	建筑
3	⊟ 011702016001	项	平板	1.平板, 层高3.9m	m2	MBMJ	MBMJ〈底面模板面积〉	☑	建筑工程
4	└ 4-174 D3.9	换	建筑物模板 板 复合木模 实际高度(m):3.9		m2	MBMJ	MBMJ〈底面模板面积〉	☑	建筑

图 2.38

5)板画法讲解

（1）点画绘制板

以 WB1 为例,定义好屋面板后,单击"点画",在 WB1 区域单击左键即可布置 WB1,如

图 2.39 所示。

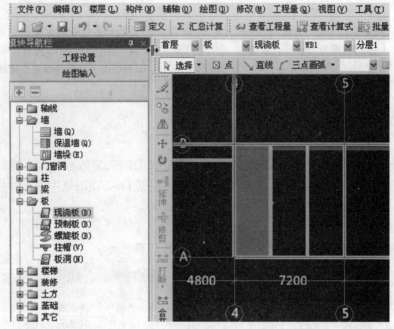

图 2.39

(2)直线绘制板

仍以 WB1 为例,定义好屋面板后,单击"直线",左键单击 WB1 边界区域的交点,围成一个封闭区域,即可布置 WB1,如图 2.40 所示。

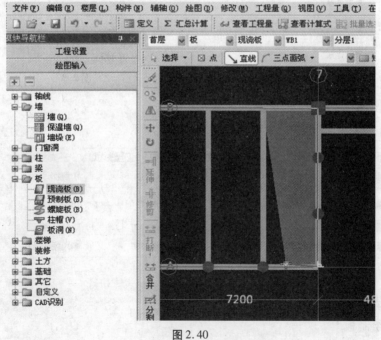

图 2.40

四、任务结果

①根据上述屋面板、普通楼板的定义方法,将本层剩下的 LB3、LB4、LB5、LB6 定义好。

②用点画、直线、矩形等法将①轴与⑪轴间的板绘制好。绘制完后如图 2.41 所示。

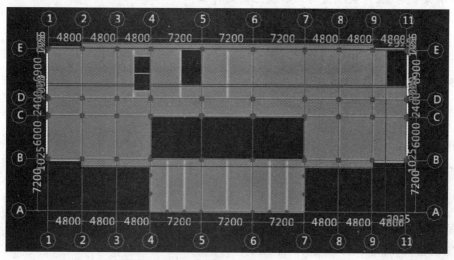

图 2.41

③汇总计算,统计本层板的工程量,如表 2.16 所示。

表 2.16　板清单定额工程量

序　号	项目编码	项目名称及特征	单　位	工程量
1	010505003001	平板 1.混凝土强度等级:C30 2.混凝土种类:商品混凝土	m³	79.6919
	4-86 H0433022 0433024	现浇商品混凝土(泵送)建筑物混凝土 板 换为【泵送商品混凝土 C30】	10m³	8.106
2	011702016001	平板 1.平板,层高 3.9m	m²	698.6124
	4-174 D3.9	建筑物模板 板 复合木模 实际高度(m):3.9	100m²	6.9861

五、总结拓展

①⑥—⑦轴与Ⓓ—Ⓔ轴间的板顶标高低于层顶标高 0.05m,在绘制板后可以通过单独调整这块板的属性来调整标高。

②Ⓑ轴与Ⓒ轴间左边与右边的板可以通过镜像绘制,绘制方法与柱镜像绘制方法相同。

③板属于面式构件,绘制的方法和其他面式构件相似。

思考与练习

(1)用点画法绘制板需要注意哪些事项? 对绘制区域有什么要求?

(2)有梁板时,板与梁相交时的扣减原则是什么?

2.2.5 首层填充墙的工程量计算

通过本小节的学习,你将能够:

(1)依据定额和清单分析填充墙的工程量计算规则;

(2)运用点加长度绘制墙图元;

(3)统计本层墙的阶段性工程量。

一、任务说明

①完成首层填充墙的属性定义、做法套用及图元绘制。

②汇总计算,统计本层填充墙的工程量。

二、任务分析

①首层填充墙在计量时的主要尺寸是哪些? 从什么图中什么位置找到? 有多少种类的墙?

②填充墙不在轴线上时如何使用点加长度绘制?

③填充墙中清单计算的厚度与定额计算的厚度不一致时,该如何处理? 墙的清单项目特征描述如何影响定额匹配的?

④虚墙的作用是什么? 如何绘制?

三、任务实施

1)分析图纸

分析建施-0、建施-3、建施-10、建施-11、建施-12、结施-8,可以得到填充墙的信息,如表 2.17 所示。

表 2.17 填充墙表

序号	类 型	砌筑砂浆	材 质	墙厚(mm)	标 高	备 注
1	砌块外墙	M5 混合砂浆	蒸压砂加气混凝土砌块	250	−0.1 ~ +3.8	梁下墙
2	框架间墙	M5 混合砂浆		200	−0.1 ~ +3.8	梁下墙
3	砌块内墙	M5 混合砂浆		250	−0.1 ~ +3.8	梁下墙

2)清单、定额计算规则学习

（1）清单计算规则（见表 2.18）

表 2.18 砌块墙清单计算规则

编 号	项目名称	单 位	计算规则
010402001	砌块墙	m³	按设计图示尺寸以体积计算

（2）定额计算规则（见表 2.19）

表 2.19 砌块墙定额计算规则

编 号	项目名称	单 位	计算规则
3-86	蒸压砂加气混凝土砌块 墙厚 150mm 以内	m³	
3-87	蒸压砂加气混凝土砌块 墙厚 200mm 以内	m³	同清单计算规则
3-88	蒸压砂加气混凝土砌块 墙厚 300mm 以内	m³	

3)砌块墙的属性定义

新建砌块墙的方法参见新建剪力墙的方法,这里只是简单地介绍一下新建砌块墙需要注意的地方,如图 2.42 和图 2.43 所示。

图 2.42

图 2.43

内/外墙标志:外墙和内墙要区别定义,除了对自身工程量有影响外,还影响其他构件的智能布置。这里可以根据工程实际需要对标高进行定义。本工程是按照软件默认的高度进行设置,软件会根据定额的计算规则对砌块墙和混凝土相交的地方进行自动处理。

4)做法套用

砌块墙的做法套用,如图 2.44 所示。

	编码	类别	项目名称	项目特征	单位	工程量表达式	表达式说明	措施项目	专业
1	⊟ 010402001002	项	砌块墙	1、墙体厚度: 250mm 2、砌块品种、规格、强度等级:蒸压轻质加气混凝土砌块(砌加气、不含砌块胶) 3、砂浆强度等级、配合比:砌加气砼砌块专用粘结砂浆	m3	TJ	TJ〈体积〉	☐	建筑工程
2	3-88 H8001 021 800101	换	蒸压砂加气混凝土砌块 墙厚300mm以内 换为【水泥砂浆 M5.0】		m3	TJ	TJ〈体积〉	☐	建筑

图 2.44

5)画法讲解

点加直线:建施-3 中在②轴、⑧轴向下有一段墙体 1025mm(中心线距离),单击"点加长度",再单击起点⑧轴与②轴相交点,然后向上找到ⓒ轴与②轴相交点单击一下,弹出"点加长度设置"对话框,在"反向延伸长度(mm)"处输入"1025",然后单击"确定"按钮,如图 2.45 所示。

图 2.45

四、任务结果

①按照"点加长度"的画法,把②轴、⑥轴向上,⑨轴、⑥轴向上等相似位置的砌体墙绘制好。

②汇总计算,统计本层填充墙的工程量,如表 2.20 所示。

表 2.20　填充墙清单定额工程量

序　号	项目编码	项目名称及特征	单　位	工程量
1	010402001001	砌块墙 1.墙体厚度:200mm 2.砌块品种、规格、强度等级:蒸压轻质加气混凝土砌块(砂加气,不含粉煤灰) 3.砂浆强度等级、配合比:砂加气混凝土砌块专用粘结砂浆	m³	78.9347
	3-87 H8001021 8001011	蒸压砂加气混凝土砌块　墙厚 200mm 以内　换为【水泥砂浆 M5.0】	10m³	7.8859
2	010402001002	砌块墙 1.墙体厚度:250mm 2.砌块品种、规格、强度等级:蒸压轻质加气混凝土砌块(砂加气,不含粉煤灰) 3.砂浆强度等级、配合比:砂加气混凝土砌块专用粘结砂浆	m³	31.3985
	3-88 H8001021 8001011	蒸压砂加气混凝土砌块　墙厚 300mm 以内　换为【水泥砂浆 M5.0】	10m³	3.1398
3	010402001004	砌块墙 1.墙体厚度:100mm 2.砌块品种、规格、强度等级:蒸压轻质加气混凝土砌块(砂加气,不含粉煤灰) 3.砂浆强度等级、配合比:砂加气混凝土砌块专用粘结砂浆 4.墙体部位:-1～4 层排风井墙体	m³	1.9697
	3-86 H8001021 8001011	蒸压砂加气混凝土砌块　墙厚 150mm 以内　换为【水泥砂浆 M5.0】	10m³	0.1969

五、总结拓展

①按住"Shift+左键"绘制偏移位置的墙体。在直线绘制墙体的状态下,按住"Shift"键,同时单击⑤轴和Ⓓ轴的相交点,弹出"输入偏移量"的对话框,在"X ="的地方输入"-3000",单击"确定"按钮,然后向着垂直Ⓔ轴的方向绘制墙体。

②做实际工程时,要依据图纸对各个构件进行分析,确定构件需要计算的内容和方法,对

软件所计算的工程量进行分析核对。在本小节介绍了"点加长度"和"Shift+左键"的方法绘制墙体,在应用时,可以依据图纸分析哪个功能能帮助我们快速绘制图元。

思考与练习

(1)思考"Shift+左键"的方法还可以应用在哪些构件的绘制中?
(2)框架间墙的长度怎样计算?
(3)在定义墙构件属性时为什么要区分内外墙的标志?

2.2.6 首层门窗、洞口、壁龛的工程量计算

通过本小节的学习,你将能够:
(1)定义门窗洞口;
(2)绘制门窗图元;
(3)统计本层门窗的工程量。

一、任务说明

①完成首层门窗、洞口的属性定义、做法套用及图元绘制。
②使用精确布置和智能布置绘制门窗。
③汇总计算,统计本层门窗的工程量。

二、任务分析

①首层门窗的尺寸种类有多少?影响门窗位置的离地高度如何设置?门窗在墙中是如何定位的?
②门窗的清单与定额如何匹配?
③不精确布置门窗会有可能影响哪些项目的工程量?

三、任务实施

1)分析图纸

分析图纸建施-3、结施-5,可以得到门窗的信息,如表2.21所示。

表2.21　门窗表

序　号	名　　称	数量(个)	宽(mm)	高(mm)	离地高度(mm)	备　注
1	M1	10	1000	2100	0	
2	YFM1	2	1200	2100	0	
3	M2	1	1500	2100	0	

续表

序 号	名 称	数量(个)	宽(mm)	高(mm)	离地高度(mm)	备 注
4	TLM1	1	3000	2100	0	
5	JXM1	1	550	2000	0	
6	JXM2	1	1200	2000	0	
7	LC3	2	1500	2700	700	
8	LC2	16	1200	2700	700	
9	LC1	10	900	2700	700	
10	MQ1	1	21000	3900	0	
11	MQ2	4	4975	3900	0	
12	电梯门洞	2	1200	2600	0	
13	走廊洞口	2	1800	2600	0	LL4 下
14	LM1	1	2100	3000	0	
15	消火栓箱	1	750	1650	150	

2)门窗清单、定额计算规则学习

（1）清单计算规则（见表2.22）

表 2.22 门窗清单计算规则

编 号	项目名称	单 位	计算规则
010801001	木质门	m²	
010802001	金属(塑钢)门	m²	
010802003	钢质防火门	m²	1.以樘计量,按设计图示数量计算;
010801004	木质防火门	m²	2.以"m²"计量,按设计图示洞口尺寸以面积计算
010807001	金属(塑钢、断桥)窗	m²	

（2）定额计算规则（见表 2.23）

表 2.23 门窗定额计算规则

编　号	项目名称	单　位	计算规则
13-16	装饰门扇制作、安装 实心门 装饰夹板门 平面 普通	m²	
13-20	装饰门扇制作、安装 实心门 防火板门 平面	m²	
13-38	金属门 铝合金门制作安装 平开门	m²	
13-41	金属门 铝合金门安装 双扇全玻地弹门	m²	按设计图示洞口尺寸以面积计算
13-56	金属门 钢质防火门	m²	
13-97	金属窗 铝合金窗制作安装 推拉窗	m²	
13-32	木门框制作安装 成品木门安装 单独木门框制作安装	m	按设计框外围尺寸以延长米计算

3）构件的属性定义

（1）门的属性定义

在模块导航栏中单击"门窗洞"→"门"，单击"定义"按钮，进入门的定义界面，在构件列表中单击"新建"→"新建矩形门"，新建矩形门 M-1，其属性定义如图 2.46 所示。

①洞口宽度、洞口高度：从门窗表中可以直接得到属性值。

②框厚：输入门实际的框厚尺寸，对墙面块料面积的计算有影响，本工程输入为"0"。

③立樘距离：门框中心线与墙中心间的距离，默认为"0"。如果门框中心线在墙中心线左边，该值为负，否则为正。

④框左右扣尺寸、框上下扣尺寸：如果计算规则要求门窗按框外围计算，输入框扣尺寸。

属性名称	属性值	附加
名称	M-1	
洞口宽度(	1000	
洞口高度(	2100	
框厚(mm)	0	
立樘距离(	0	
洞口面积(m	2.1	
离地高度(	0	
是否随墙变	否	
是否为人防	否	
备注		
⊞ 计算属性		
⊞ 显示样式		

图 2.46

属性名称	属性值	附加
名称	LC2	
洞口宽度(	1200	
洞口高度(	2700	
框厚(mm)	0	
立樘距离(	0	
洞口面积(m	3.24	
离地高度(	700	
是否随墙变	是	
备注		
⊞ 计算属性		
⊞ 显示样式		

图 2.47

(2)窗的属性定义

在模块导航栏中单击“门窗洞”→“窗”,单击“定义”按钮,进入窗的定义界面,在构件列表中单击“新建”→“新建矩形窗”,新建矩形窗 LC2,其属性定义如图 2.47 所示。

(3)带形窗的属性定义

在模块导航栏中单击“门窗洞”→“带形窗”,单击“定义”按钮,进入带形窗的定义界面。在构件列表中单击“新建”→“新建带形窗”,在属性编辑框中输入相应的属性值,如图 2.48 所示。带形窗不必依附墙体存在,本工程中 MQ2 不进行绘制。

属性编辑框

属性名称	属性值
名称	MQ2
框厚(mm)	0
起点顶标高(m)	层顶标高+12.7(16.5)
起点底标高(m)	层底标高-0.35(-0.45)
终点顶标高(m)	层顶标高+12.7(16.5)
终点底标高(m)	层底标高-0.35(-0.45)
轴线距左边线	0
备注	
+ 显示样式	

图 2.48

(4)电梯门洞的属性定义

在模块导航栏中单击“门窗洞”→“电梯门洞”,在构件列表中单击“新建”→“新建电梯门洞”,其属性定义如图 2.49 所示。

(5)壁龛(消火栓箱)的属性定义

在模块导航栏中单击“门窗洞”→“壁龛”,在构件列表中单击“新建”→“新建消火栓箱”,其属性定义如图 2.50 所示。

属性名称	属性值	附加
名称	电梯门洞	
洞口宽度(	1200	□
洞口高度(	2600	□
洞口面积(m	3.12	□
离地高度(	0	□
是否随墙变	是	□
备注		□
+ 计算属性		
+ 显示样式		

图 2.49

属性名称	属性值	附加
名称	消火栓箱	
洞口宽度(	750	□
洞口高度(	1650	□
壁龛深度(	100	□
离地高度(	150	□
是否为人防	否	□
备注		□
+ 计算属性		
+ 显示样式		

图 2.50

4)做法套用

门窗的材质较多,在这里仅例举几个。

①M-1 的做法套用,如图 2.51 所示。

编码	类别	项目名称	项目特征	单位	工程量表达式	表达式说明	措施项目	专业
1	010801001001	项	木质门—装饰夹板门	1、部位：M1、M2 2、类别：拼花装饰实心装饰夹板门（带框），含五金	m2	DKMJ	DKMJ〈洞口面积〉	☐	建筑工程
2	13-32	定	木门框制作安装、成品木门安装 单独木门框制作安装		m	DKSMCD	DKSMCD〈洞口三面长度〉	☐	建筑
3	13-16	定	装饰门扇制作、安装 实心门 装饰夹板门 平面 普通		m2	DKMJ	DKMJ〈洞口面积〉	☐	建筑

图 2.51

②JXM-1 的做法套用，如图 2.52 所示。

编码	类别	项目名称	项目特征	单位	工程量表达式	表达式说明	措施项目	专业
1	010801004001	项	木质防火门	1、成品木质丙级防火检修门，含五金	m2	DKMJ	DKMJ〈洞口面积〉	☐	建筑工程
2	13-32	定	木门框制作安装、成品木门安装 单独木门框制作安装		m	DKSMCD	DKSMCD〈洞口三面长度〉	☐	建筑
3	13-20	定	装饰门扇制作、安装 实心门 防火板门 平面		m2	DKMJ	DKMJ〈洞口面积〉	☐	建筑

图 2.52

5)门窗洞口的画法讲解

门窗洞构件属于墙的附属构件，也就是说门窗洞构件必须绘制在墙上。

（1）点画法

门窗最常用的是点绘制。对于计算来说，一段墙扣减门窗洞口面积，只要门窗绘制在墙上就可以，一般对于位置要求不用很精确，所以直接采用点绘制即可。在点绘制时，软件默认开启动态输入的数值框，可以直接输入一边距墙端头的距离，或通过"Tab"键切换输入框，如图 2.53 所示。

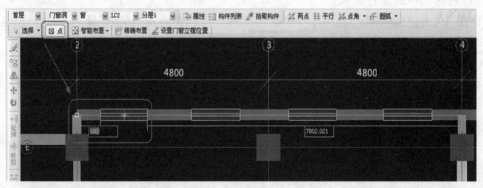

图 2.53

（2）精确布置

当门窗紧邻柱等构件布置时，考虑其上过梁与旁边的柱、墙扣减关系，需要对这些门窗精确定位。如一层平面图中的 M-1 都是贴着柱边布置的。

以绘制ⓒ轴与②轴交点处的 M-1 为例：先选择"精确布置"功能，再选择ⓒ轴的墙，然后指定插入点，在"请输入偏移值"中输入"-300"，单击"确定"按钮即可，如图 2.54 所示。

（3）打断

由建施-3 中 MQ1 的位置可以看出，起点和终点均位于外墙外边线的地方，绘制的时候这两个点不好捕捉，绘制好 MQ1 后单击左侧工具栏的"打断"，捕捉到 MQ1 和外墙外边线的交点，绘图界面出现一个黄色的小叉，然后单击右键，在弹出的"确认"对话框中选择"是"按钮。选取不需要的 MQ1，单击右键选择"删除"即可，如图 2.55 所示。

图 2.54

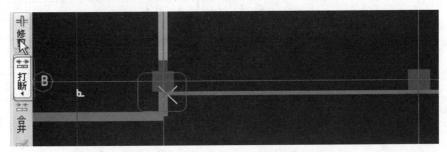

图 2.55

四、任务结果

汇总计算,统计本层门窗的工程量,如表 2.24 所示。

表 2.24 门窗的清单定额工程量

序号	项目编码	项目名称及特征	单 位	工程量
1	010801001001	木质门——装饰夹板门 1. 部位:M1、M2 2. 类型:拼花装饰实心装饰夹板门(带框),含五金	m²	24.15
	13-32	木门框制作安装、成品木门安装 单独木门框制作安装	100m	0.577
	13-16	装饰门扇制作、安装 实心门 装饰夹板门 平面普通	100m²	0.2415
2	010801004001	木质防火门 1. 成品木质丙级防火检修门,含五金	m²	5.9
	13-32	木门框制作安装、成品木门安装 单独木门框制作安装	100m	0.1495
	13-20	装饰门扇制作、安装 实心门 防火板门 平面	100m²	0.059

续表

序号	项目编码	项目名称及特征	单 位	工程量
3	010802001001	金属(塑钢)门——铝合金平开门 1.断桥铝合金 low-e 中空玻璃门,含玻璃、五金配件	m²	6.3
	13-38	金属门 铝合金门制作安装 平开门	100m²	0.063
4	010802001002	金属(塑钢)门——铝合金推拉门 1.断桥铝合金 low-e 中空玻璃门,含玻璃、五金配件	m²	6.3
	13-41	金属门 铝合金门安装 双扇全玻地弹门	100m²	0.063
5	010802003002	钢质防火门 1.成品钢质乙级防火门,含五金	m²	5.04
	13-56	金属门 钢质防火门	100m²	0.0504
6	010807001001	金属(塑钢、断桥)窗 1.断桥铝合金 low-e 中空玻璃	樘	36
	13-97	金属窗 铝合金窗制作安装 推拉窗	100m²	1.1016
7	011209001001	带骨架幕墙 1.隐框玻璃幕墙,含骨架及配件	m²	154.05
	11-211	玻璃幕墙面层 隐框 中空玻璃	100m²	1.5405

五、总结拓展

分析建施-3,位于Ⓔ轴向上②—④轴位置的 LC2 和Ⓑ轴向下②—④轴的 LC-2 是一样的,应用"复制"命令可以快速地绘制 LC2。单击绘图界面的"复制"按钮,选中 LC-2,找到墙端头的基点,再单击Ⓑ轴向下 1025mm 与②轴的相交点即可完成复制,如图 2.56 所示。

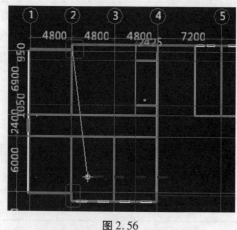

图 2.56

思考与练习

在什么情况下需要对门窗进行精确定位?

2.2.7　过梁、圈梁、构造柱的工程量计算

通过本小节的学习,你将能够:

(1)依据定额和清单分析过梁、圈梁、构造柱的工程量计算规则;

(2)定义过梁、圈梁、构造柱;

(3)绘制过梁、圈梁、构造柱;

(4)统计本层过梁、圈梁、构造柱的工程量。

一、任务说明

①完成首层过梁、圈梁、构造柱的属性定义、做法套用及图元绘制。

②汇总计算,统计首层过梁、圈梁、构造柱的工程量。

二、任务分析

①首层过梁、圈梁、构造柱的尺寸种类分别有多少? 分别从什么图中什么位置找到?

②过梁中入墙长度如何计算?

③如何快速使用智能布置和自动生成过梁、构造柱?

三、任务实施

1)分析图纸

(1)分析过梁、圈梁

分析结施-2,建施-3、结施-2 中(7)可知,内墙圈梁在门洞上设一道,兼做过梁,所以内墙的门洞口上不再设置过梁;外墙窗台处设一道圈梁,窗顶的圈梁不再设置,外墙所有的窗上不再布置过梁,MQ1、MQ2 的顶标高直接到混凝土梁,不再设置过梁;LM1 上设置过梁一道,尺寸为 250mm×300mm。圈梁信息如表 2.25 所示。

表 2.25　圈梁表

序 号	名 称	位 置	宽(mm)	高(mm)	备 注
1	QL-1	内墙上	200	120	
2	QL-2	外墙上	250	180	

(2)分析构造柱

构造柱的设置位置参见结施-2 中(4)。

2）清单、定额计算规则学习

（1）清单计算规则（见表2.26）

表2.26 过梁、圈梁、构造柱清单计算规则

编 号	项目名称	单 位	计算规则
010503005	过 梁	m³	按设计图示尺寸以体积计算。伸入墙内的梁头、梁垫并入梁体积内
011702009	过 梁	m²	按模板与现浇混凝土构件的接触面积计算
010503004	圈 梁	m³	按设计图示尺寸以体积计算。伸入墙内的梁头、梁垫并入梁体积内
011702008	圈 梁	m²	按模板与现浇混凝土构件的接触面积计算
010502002	构造柱	m³	按设计图示尺寸以体积计算。柱高：构造柱按全高计算，嵌接墙体部分（马牙槎）并入柱身体积
011702003	构造柱	m²	按模板与现浇混凝土构件的接触面积计算

（2）定额计算规则（见表2.27）

表2.27 过梁、圈梁、构造柱定额计算规则

编 号	项目名称	单 位	计算规则
4-84	现浇商品混凝土（泵送）建筑物混凝土 圈梁、过梁、拱形梁	m³	按设计图示尺寸以体积计算。伸入墙内的梁头、梁垫并入梁体积内
4-80	现浇商品混凝土（泵送）建筑物混凝土 构造柱	m³	按设计图示尺寸以体积计算
4-156	建筑物模板 矩形柱 复合木模	m²	按混凝土与模板接触面的面积以"m²"计量，应扣除构件平行交接及0.3m²以上的构件垂直交接处的面积
4-170	建筑物模板 直形圈过梁 复合木模	m²	

3）属性定义

（1）内墙圈梁的属性定义

在模块导航栏中单击"梁"→"圈梁"，在构件列表中单击"新建"→"新建圈梁"，在属性编辑框中输入相应的属性值，如图2.57所示。内墙上门的高度不一样，绘制完内墙圈梁后，需要手动修改圈梁标高。

（2）构造柱的属性定义

在模块导航栏中单击"柱"→"构造柱"，在构件列表中单击"新建"→"新建构造柱"，在属

性编辑框中输入相应的属性值,如图 2.58 所示。

属性名称	属性值	附加
名称	QL-1	
材质	现浇混凝	☐
砼标号	(C30)	☐
砼类型	(现浇砼	☐
截面宽度(	200	☑
截面高度(	120	☑
截面面积 (m	0.024	☐
截面周长 (m	0.64	☐
起点顶标高	层底标高+	☐
终点顶标高	层底标高+	☐
轴线距梁左	(100)	☐
砖胎膜厚度	0	☐
图元形状	直形	☐
备注		☐
＋ 计算属性		
＋ 显示样式		

图 2.57

属性名称	属性值	附加
名称	GZ-1	
类别	带马牙槎	☐
材质	现浇混凝	☐
砼标号	(C30)	☐
砼类型	(现浇砼	☐
截面宽度(	200	☑
截面高度(	200	☑
截面面积 (m	0.04	☐
截面周长 (m	0.8	☐
马牙槎宽度	60	☐
顶标高 (m)	层顶标高	☐
底标高 (m)	层底标高	☐
备注		☐
＋ 计算属性		
＋ 显示样式		

图 2.58

(3)过梁的属性定义

在模块导航栏中单击"门窗洞"→"过梁",在构件列表中单击"新建"→"新建矩形过梁",在属性编辑框中输入相应的属性值,如图 2.59 所示。

属性名称	属性值	附加
名称	GL-1	
材质	现浇混凝	☐
砼标号	(C30)	☐
砼类型	(现浇砼	☐
长度 (mm)	(500)	☐
截面宽度(		☐
截面高度(	180	☑
起点伸入墙	250	☐
终点伸入墙	250	☐
截面周长 (m	0.36	☐
截面面积 (m	0	☐
位置	洞口上方	☐
顶标高 (m)	洞口顶标	☐
中心线距左	(0)	☐
模板类型	组合钢模	☐
搅拌方式	现场搅拌	☐
备注		☐
＋ 计算属性		
＋ 显示样式		

图 2.59

4)做法套用

①圈梁的做法套用,如图 2.60 所示。

	编码	类别	项目名称	项目特征	单位	工程量表达式	表达式说明	措施项目	专业
1	010503004001	项	圈梁	1、混凝土强度等级: C25 2、混凝土种类: 商品混凝土	m3	TJ	TJ<体积>	□	建筑工程
2	4-84 H0433 022 043302 3	换	现浇商品混凝土(泵送)建筑物混凝土圈、过梁、拱形梁 换为【泵送商品混凝土 C25】		m3	TJ	TJ<体积>	□	建筑
3	011702008001	项	圈梁		m2	MBMJ	MBMJ<模板面积>	☑	建筑工程
4	4-170	定	建筑物模板 直形圈过梁 复合木模		m2	MBMJ	MBMJ<模板面积>	☑	建筑

图 2.60

②构造柱的做法套用,如图 2.61 所示。

	编码	类别	项目名称	项目特征	单位	工程量表达式	表达式说明	措施项目	专业
1	010502002001	项	构造柱	1、混凝土强度等级: C25 2、混凝土种类: 商品混凝土	m3	TJ	TJ<体积>	□	建筑工程
2	4-80 H0433 022 043302 3	换	现浇商品混凝土(泵送)建筑物混凝土构造柱 换为【泵送商品混凝土 C25】		m3	TJ	TJ<体积>	□	建筑
3	011702003001	项	构造柱		m2	MBMJ	MBMJ<模板面积>	☑	建筑工程
4	4-156	定	建筑物模板 矩形柱 复合木模		m2	MBMJ	MBMJ<模板面积>	☑	建筑

图 2.61

③过梁的做法套用,如图 2.62 所示。

	编码	类别	项目名称	项目特征	单位	工程量表达式	表达式说明	措施项目	专业
1	010503005001	项	过梁	1、混凝土强度等级: C25 2、混凝土种类: 商品混凝土	m3	TJ	TJ<体积>	□	建筑工程
2	4-84 H0433 022 043302 3	换	现浇商品混凝土(泵送)建筑物混凝土圈、过梁、拱形梁 换为【泵送商品混凝土 C25】		m3	TJ	TJ<体积>	□	建筑
3	011702009001	项	过梁	1、GL模板, 复合木模, 支模高度3.6M	m2	MBMJ	MBMJ<模板面积>	☑	建筑工程
4	4-170	定	建筑物模板 直形圈过梁 复合木模		m2	MBMJ	MBMJ<模板面积>	☑	建筑

图 2.62

5)画法讲解

(1)圈梁的画法

圈梁可以采用"直线"画法,方法同墙的画法,这里不再重复。单击"智能布置"→"墙中心线",如图 2.63 所示;然后选中要布置的砌块内墙,单击右键确定即可。

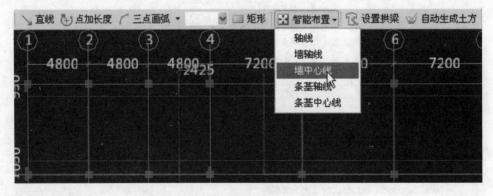

图 2.63

(2)构造柱的画法

①点画。构造柱可以按照点画布置,同框架柱的画法,这里不再重复。

②自动生成构造柱。单击"自动生成构造柱",弹出如图 2.64 所示对话框。在对话框中

输入相应的信息,单击"确定"按钮;然后选中墙体,单击右键确定即可。

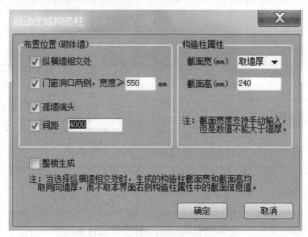

图 2.64

四、任务结果

汇总计算,统计本层过梁、圈梁、构造柱的工程量,如表 2.28 所示。

表 2.28　过梁、圈梁、构造柱清单定额工程量

序　号	项目编码	项目名称及特征	单　位	工程量
1	010502002001	构造柱 1.混凝土强度等级:C25 2.混凝土种类:商品混凝土	m³	12.4141
	4-80 H0433022 0433023	现浇商品混凝土(泵送) 建筑物混凝土 构造柱 换为【泵送商品混凝土 C25】	10m³	1.2414
2	010503004001	圈梁 1.混凝土强度等级:C25 2.混凝土种类:商品混凝土	m³	4.1966
	4-84 H0433022 0433023	现浇商品混凝土(泵送) 建筑物混凝土 圈梁、过梁、拱形梁 换为【泵送商品混凝土 C25】	10m³	0.4197
3	010503005001	过梁 1.混凝土强度等级:C25 2.混凝土种类:商品混凝土	m³	0.7272
	4-84 H0433022 0433023	现浇商品混凝土(泵送) 建筑物混凝土 圈梁、过梁、拱形梁 换为【泵送商品混凝土 C25】	10m³	0.0727

续表

序　号	项目编码	项目名称及特征	单　位	工程量
4	011702003001	构造柱	m²	124.9882
	4-156	建筑物模板 矩形柱 复合木模	100m²	1.2499
5	011702008001	圈梁	m²	46.313
	4-170	建筑物模板 直形圈过梁 复合木模	100m²	0.4631
6	011702009001	过梁 1.GL 模板,复合木模,支模高度:3.6m	m²	7.6725
	4-170	建筑物模板 直形圈过梁 复合木模	100m²	0.0767

五、总结拓展

(1)修改构件图元名称

①选中要修改的构件→单击右键→修改构件图元名称→选择要修改的构件。

②选中要修改的构件→单击属性→在属性编辑框的名称里直接选择要修改的构件名称。

(2)"同名构件处理方式"对话框中三项选择的意思

在复制楼层时会出现此对话框。第一个是复制过来的构件都会新建一个,并且名称+n;第二个是复制过来的构件不新建,要覆盖目标层同名称的构件;第三个是复制过来的构件,目标层里有的,构件属性就会换成目标层的属性,没有的构件会自动新建一个构件。(注意:当前楼层如果有画好的图,要覆盖就用第二个选项;不覆盖就用第三个选项,第一个用的不多)

思考与练习

(1)简述构造柱的设置位置。

(2)为什么外墙窗顶没有设置圈梁?

(3)自动生成构造柱符合实际要求吗? 不符合的话需要做哪些调整?

2.2.8　首层后浇带、雨篷的工程量计算

通过本小节的学习,你将能够:

(1)依据定额和清单分析首层后浇带、雨篷的工程量计算规则;

(2)定义首层后浇带、雨篷;

（3）绘制首层后浇带、雨篷；

（4）统计首层后浇带、雨篷的工程量。

一、任务说明

①完成首层后浇带、雨篷的属性定义、做法套用及图元绘制。

②汇总计算，统计首层后浇带、雨篷的工程量。

二、任务分析

①首层后浇带涉及哪些构件？这些构件的做法都一样吗？工程时表达如何选用？

②首层雨篷是一个室外构件，为什么要一次性将清单及定额做完？做法套用分别都是些什么？工程时表达如何选用？

三、任务实施

1）分析图纸

分析结施-12，可以从板平面图中得到后浇带的截面信息，本层只有一条后浇带，后浇带宽度为800mm，分部在⑤轴与⑥轴之间，距离⑤轴的距离为1000mm。

2）清单、定额计算规则学习

（1）清单计算规则（见表2.29）

表2.29　后浇带、雨篷清单计算规则

编　号	项目名称	单　位	计算规则
010508001	后浇带	m³	按设计图示尺寸以体积计算
011702030	后浇带	m²	按模板与后浇带的接触面积计算
010505008	雨篷、悬挑板、阳台板	m³	按设计图示尺寸以墙外部分体积计算。包括伸出墙外的牛腿和雨篷反挑檐的体积
011702023	雨篷、悬挑板、阳台板	m²	按图示外挑部分尺寸的水平投影面积计算，挑出墙外的悬臂梁及板边不另计算
010902002	屋面涂膜防水　雨篷	m²	按设计图示尺寸以面积计算。 1.斜屋顶（不包括平屋顶找坡）按斜面积计算，平屋顶按水平投影面积计算； 2.不扣除房上烟囱、风帽底座、风道、屋面小气窗和斜沟所占面积； 3.屋面的女儿墙、伸缩缝和天窗等处的弯起部分，并入屋面工程量内
011301001	天棚抹灰　雨篷	m²	按设计图示尺寸以水平投影面积计算

（2）部分定额计算规则（见表2.30）

表2.30　后浇带、雨篷定额计算规则（部分）

编　号	项目名称	单位	计算规则
4-96	现浇商品混凝土（泵送）建筑物混凝土 雨篷	m³	同清单计算规则
4-92	现浇商品混凝土（泵送）建筑物混凝土 后浇带	m³	
7-38	刚性防水、防潮 防水砂浆防潮层 平面	m²	同清单计算规则
7-69	柔性防水 涂膜防水 刷热沥青一道 平面	m²	
11-29	阳台、雨篷抹水泥砂浆 现浇混凝土面	m²	按水平投影面积计算
4-193	建筑物模板 全悬挑阳台、雨篷	m²	按混凝土与模板接触面的面积以"m²"计量,应扣除构件平行交接及 0.3m² 以上的构件垂直交接处的面积
4-203	建筑物模板 后浇带模板增加费	m²	

3）属性定义

（1）后浇带的属性定义

在模块导航栏中单击"其他"→"后浇带",在构件列表中单击"新建"→"新建后浇带",新建后浇带 HJD-1,根据图纸中 HJD-1 的尺寸标注,在属性编辑框中输入相应的属性值,如图 2.65 所示。

（2）雨篷的属性定义

在模块导航栏中单击"其他"→"雨篷",在构件列表中单击"新建"→"新建雨篷",在属性

属性名称	属性值	附加
名称	HJD-1	
宽度(mm)	800	
轴线距后浇	(400)	
筏板(桩承	矩形后浇	
基础梁后浇	矩形后浇	
外墙后浇带	矩形后浇	
内墙后浇带	矩形后浇	
梁后浇带类	矩形后浇	
现浇板后浇	矩形后浇	
备注		
⊞ 计算属性		
⊞ 显示样式		

图 2.65

属性名称	属性值	附加
名称	雨篷1	
材质	现浇混凝	
砼标号	(C30)	
砼类型	(现浇砼	
板厚(mm)	150	
顶标高(m)	3.45	
建筑面积计	不计算	
图元形状	直形	
备注		
⊞ 计算属性		
⊞ 显示样式		

图 2.66

编辑框中输入相应的属性值,如图 2.66 所示。

4)做法套用

①后浇带的做法套用与现浇板有所不同,主要有以下几个方面,如图 2.67 所示。

	编码	类别	项目名称	项目特征	单位	工程量表达式	表达式说明	措施项目	专业
1	⊟ 011702030001	项	后浇带	1.其他楼层后浇带	m2	XJBHJTDMBMJ+LHJTDMBMJ+QLHJTDMBMJ+QHJTDMBMJ	XJBHJTDMBMJ〈现浇板后浇带模板面积〉+LHJTDMBMJ〈梁后浇带模板面积〉+QLHJTDMBMJ〈圈梁后浇带模板面积〉+QHJTDMBMJ〈墙后浇带模板面积〉	☑	建筑工程
2	└ 4-203	定	建筑物模板 后浇带模板增加费 梁板(板厚)20cm以上		m	HJDZXXCD	HJDZXXCD〈后浇带中心线长度〉	☑	建筑
3	⊟ 010508001002	项	后浇带	1、混凝土强度等级: C35 2、混凝土种类: 商品混凝土	m3	XJBHJDTJ+LHJDTJ+QLHJDTJ+QHJDTJ	XJBHJDTJ〈现浇板后浇带体积〉+LHJDTJ〈梁后浇后浇带体积〉+QLHJDTJ〈圈梁后浇带体积〉+QHJDTJ〈墙后浇带体积〉	☐	建筑工程
4	└ 4-92	定	现浇商品混凝土(泵送)建筑物混凝土 后浇带 梁、板板厚20cm以上		m3	XJBHJDTJ+LHJDTJ+QLHJDTJ+QHJDTJ		☐	建筑

图 2.67

②雨篷的做法套用,如图 2.68 所示。

	编码	类别	项目名称	项目特征	单位	工程量表达式	表达式说明	措施项目	专业
1	⊟ 010505008001	项	雨篷、悬挑板、阳台板	1、混凝土强度等级: C25 2、混凝土种类: 商品混凝土 3、部位: 雨篷含翻沿	m3	TJ	TJ〈体积〉	☐	建筑工程
2	4-96 HD433 022 043302 3	换	现浇商品混凝土(泵送)建筑物混凝土 雨篷 换为【泵送商品混凝土 C25】		m3	TJ	TJ〈体积〉	☐	建筑
3	⊟ 010902003001	项	屋面刚性层-雨篷顶面防水	1.防水层: 刷热沥青一道 2.防水砂浆: 20厚防水砂浆	m2	MJ	MJ〈面积〉	☐	建筑工程
4	└ 7-38	定	刚性防水、防潮 防水砂浆防潮层 平面		m2	MJ	MJ〈面积〉	☐	建筑
5	└ 7-69	定	柔性防水 涂膜防水 刷热沥青一道 平面		m2	MJ	MJ〈面积〉	☐	建筑
6	⊟ 011702023001	项	雨篷、悬挑板、阳台板	1.雨篷板	m2	MBMJ	MBMJ〈模板面积〉	☑	建筑工程
7	└ 4-193	定	建筑物模板 全悬挑阳台、雨篷	m2(投)	MJ	MJ〈面积〉		☑	建筑
8	⊟ Z011201005001	补项	阳台、雨篷板抹灰	1.基层类型: 1:2水泥砂浆打底 2.抹灰厚度、材料种类: 1:2.5水泥砂浆,1:2纸筋灰罩面	m2	YPDMZXMJ+YPCMZXMJ+YPDIMZXMJ	YPDMZXMJ〈雨篷顶面装修面积〉+YPCMZXMJ〈雨篷侧面装修面积〉+YPDIMZXMJ〈雨篷底面装修面积〉	☐	
9	└ 11-29	定	阳台、雨篷抹水泥砂浆 现浇混凝土面		m2	MJ	MJ〈面积〉	☐	建筑

图 2.68

5)画法讲解

(1)直线绘制后浇带

首先根据图纸尺寸作好辅助轴线,单击"直线",鼠标左键单击后浇带的起点与终点即可绘制后浇带,如图 2.69 所示。

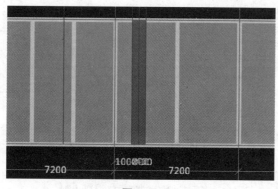

图 2.69

（2）直线绘制雨篷

首先根据图纸尺寸作好辅助轴线，用"Shift+左键"的方法绘制雨篷，如图2.70所示。

图2.70

四、任务结果

汇总计算，统计本层后浇带、雨篷的工程量，如表2.31所示。

表2.31　后浇带、雨篷清单定额工程量

序 号	项目编码	项目名称及特征	单 位	工程量
1	010505008001	雨篷、悬挑板、阳台板 1. 混凝土强度等级：C25 2. 混凝土种类：商品混凝土 3. 部位：雨篷含翻沿	m^3	0.8278
	4-96 H0433022 0433023	现浇商品混凝土（泵送）建筑物混凝土 雨篷 换为【泵送商品混凝土 C25】	$10m^3$	0.0828
2	010508001002	后浇带 1. 混凝土强度等级：C35 2. 混凝土种类：商品混凝土	m^3	2.2416
	4-92	现浇商品混凝土（泵送）建筑物混凝土 后浇带 梁、板厚20cm以上	$10m^3$	0.2242
3	010902003001	屋面刚性层-雨篷顶面防水 1. 防水层：刷热沥青一道 2. 防水砂浆：20mm厚防水砂浆	m^2	4.725
	7-38	刚性防水、防潮 防水砂浆防潮层 平面	$100m^2$	0.0473
	7-69	柔性防水 涂膜防水 刷热沥青一道 平面	$100m^2$	0.0473
4	Z011201005001	阳台、雨篷板抹灰 1. 基层类型：1：2 水泥砂浆打底 2. 抹灰厚度、材料种类：1：2.5 水泥砂浆，1：2 纸筋灰罩面	m^2	9.7775
	11-29	阳台、雨篷抹水泥砂浆 现浇混凝土面	$100m^2$	0.0473

续表

序　号	项目编码	项目名称及特征	单　位	工程量
5	011702023001	雨篷、悬挑板、阳台板 1.雨篷板	m²	8.0275
	4-193	建筑物模板　全悬挑阳台、雨篷	10m² （投影面积）	0.4725
6	011702030001	后浇带 1.其他楼层后浇带	m²	20.204
	4-203	建筑物模板　后浇带模板增加费　梁板（板厚）20cm 以上	10m	1.7725

五、总结拓展

①后浇带既属于线性构件,也属于面式构件,所以后浇带直线绘制的方法与线性构件一样。

②上述雨篷翻沿是用栏板定义绘制的,如果不用栏板,用梁定义绘制也可以。

思考与练习

(1)后浇带直线绘制法与现浇板直线绘制法有什么区别?

(2)若不使用辅助轴线,怎样才能快速绘制上述后浇带?

2.2.9　台阶、散水的工程量计算

通过本小节的学习,你将能够:

(1)依据定额和清单分析首层台阶、散水的工程量计算规则;

(2)定义台阶、散水;

(3)绘制台阶、散水;

(4)统计台阶、散水工程量。

一、任务说明

①完成首层台阶、散水的属性定义、做法套用及图元绘制。

②汇总计算,统计首层台阶、散水的工程量。

二、任务分析

①首层台阶的尺寸是从什么图中什么位置找到? 台阶构件做法说明中"88BJ1-T 台 1B"是什么构造? 都有些什么工作内容? 如何套用清单、定额?

②首层散水的尺寸是从什么图中什么位置找到？散水构件做法说明中"88BJ1-1 散 7"是什么构造？都有些什么工作内容？如何套用清单定额？

三、任务实施

1）分析图纸

结合建施-3 可以从平面图得到台阶、散水的信息，本层台阶和散水的截面尺寸如下：

①台阶：踏步宽度为 300mm，踏步个数为 2，顶标高为首层层底标高。

②散水：宽度为 900mm，沿建筑物周围布置。

2）清单、定额计算规则学习

（1）清单计算规则（见表 2.32）

表 2.32　台阶、散水清单计算规则

编　号	项目名称	单　位	计算规则
011107002	块料台阶面	m²	按设计图示尺寸以面积计算
010507004	台阶	m²	按图示台阶水平投影面积计算
010507001	散水、坡道	m²	按设计图示尺寸以面积计算

（2）定额计算规则（见图 2.33）

表 2.33　台阶、散水定额计算规则

编　号	项目名称	单　位	计算规则
9-58	墙脚护坡　混凝土面	m²	按图示中心线长度乘以墙脚护坡宽度以面积计算
3-10	砂石垫层　碎石垫层　灌浆	m³	按设计图示尺寸以面积乘以厚度计算体积
9-66	台阶　混凝土	m²	按水平投影面积计算
10-121	地砖台阶面	m²	按设计图示尺寸以展开面积计算
10-1	整体面层　水泥砂浆找平层	m²	按设计图示尺寸以面积计算

3）属性定义

（1）台阶的属性定义

在模块导航栏中单击"其他"→"台阶"，在构件列表中单击"新建"→"新建台阶"，新建台阶 1，根据图纸中台阶的尺寸标注，在属性编辑框中输入相应的属性值，如图 2.71 所示。

（2）散水的属性定义

在模块导航栏中单击"其他"→"散水"，在构件列表中单击"新建"→"新建散水"，新建散水 1,根据图纸中散水 1 的尺寸标注,在属性编辑框中输入相应的属性值,如图 2.72 所示。

<table>
<tr><th>属性名称</th><th>属性值</th><th>附加</th></tr>
<tr><td>名称</td><td>台阶1</td><td>☐</td></tr>
<tr><td>材质</td><td>现浇混凝</td><td>☐</td></tr>
<tr><td>砼标号</td><td>(C30)</td><td>☐</td></tr>
<tr><td>砼类型</td><td>(现浇砼</td><td>☐</td></tr>
<tr><td>顶标高(m)</td><td>层底标高</td><td>☐</td></tr>
<tr><td>台阶高度(</td><td>450</td><td>☐</td></tr>
<tr><td>踏步个数</td><td>3</td><td>☐</td></tr>
<tr><td>踏步高度(</td><td>150</td><td>☐</td></tr>
<tr><td>备注</td><td></td><td>☐</td></tr>
<tr><td>＋ 计算属性</td><td></td><td></td></tr>
<tr><td>＋ 显示样式</td><td></td><td></td></tr>
</table>

图 2.71

<table>
<tr><th>属性名称</th><th>属性值</th><th>附加</th></tr>
<tr><td>名称</td><td>散水1</td><td></td></tr>
<tr><td>砼标号</td><td>(C30)</td><td>☐</td></tr>
<tr><td>材质</td><td>现浇混凝</td><td>☐</td></tr>
<tr><td>厚度(mm)</td><td>100</td><td>☐</td></tr>
<tr><td>砼类型</td><td>(现浇砼</td><td>☐</td></tr>
<tr><td>备注</td><td></td><td>☐</td></tr>
<tr><td>＋ 计算属性</td><td></td><td></td></tr>
<tr><td>＋ 显示样式</td><td></td><td></td></tr>
</table>

图 2.72

4)做法套用

台阶、散水的做法套用与其他构件有所不同。

①台阶都套用装修子目,如图 2.73 所示。

<table>
<tr><th></th><th>编码</th><th>类别</th><th>项目名称</th><th>项目特征</th><th>单位</th><th>工程量表达式</th><th>表达式说明</th><th>措施项目</th><th>专业</th></tr>
<tr><td>1</td><td>010507004001</td><td>项</td><td>台阶</td><td>1、混凝土强度等级: C25
2、混凝土拌合料要求: 商品混凝土</td><td>m2</td><td>MJ</td><td>MJ〈台阶整体水平投影面积〉</td><td>☐</td><td>建筑工程</td></tr>
<tr><td>2</td><td>9-66 H8021 201 802122 1</td><td>换</td><td>台阶 混凝土 换为【现浇现拌混凝土 碎石(最大粒径:40mm)混凝土强度等级 C25】</td><td></td><td>m2</td><td>MJ</td><td>MJ〈台阶整体水平投影面积〉</td><td>☐</td><td>建筑</td></tr>
<tr><td>3</td><td>011107002001</td><td>项</td><td>块料台阶面</td><td>1.找平层厚度、砂浆配合比: 20厚1:3水泥砂浆找平层
2.面层材料品种、规格、品牌、颜色: 5-10厚防滑地砖</td><td>m2</td><td>MJ</td><td>MJ〈台阶整体水平投影面积〉</td><td>☐</td><td>建筑工程</td></tr>
<tr><td>4</td><td>10-121</td><td>定</td><td>地砖台阶面</td><td></td><td>m2</td><td>TBKLMCMJ</td><td>TBKLMCMJ〈踏步块料面层面积〉</td><td>☐</td><td>建筑</td></tr>
<tr><td>5</td><td>10-1</td><td>定</td><td>整体面层 水泥砂浆找平层 20厚</td><td></td><td>m2</td><td>MJ</td><td>MJ〈台阶整体水平投影面积〉</td><td>☐</td><td>建筑</td></tr>
</table>

图 2.73

②散水清单项套用建筑工程清单子目,定额项套用装修子目,如图 2.74 所示。

<table>
<tr><th></th><th>编码</th><th>类别</th><th>项目名称</th><th>项目特征</th><th>单位</th><th>工程量表达式</th><th>表达式说明</th><th>措施项目</th><th>专业</th></tr>
<tr><td>1</td><td>010507001001</td><td>项</td><td>散水、坡道
散水</td><td>1、60厚C15混凝土,撒1: 1水泥砂子,压实赶光
2、120厚碎石铺碎砖垫层
3、土夯实,向外坡4%
4、沿外围皮夹通缝,每隔8m设伸缩缝,内填沥青砂浆</td><td>m2</td><td>MJ</td><td>MJ〈面积〉</td><td>☐</td><td>建筑工程</td></tr>
<tr><td>2</td><td>9-58 H8021 191 PB102</td><td>换</td><td>墙裙护坡 混凝土面 换为【现浇现拌混凝土 碎石(最大粒径:20mm)混凝土强度等级 C15】</td><td></td><td>m2</td><td>MJ</td><td>MJ〈面积〉</td><td>☐</td><td>建筑</td></tr>
<tr><td>3</td><td>3-10</td><td>定</td><td>砂石垫层 碎石垫层 灌浆</td><td></td><td>m3</td><td>MJ*0.12</td><td>MJ〈面积〉*0.12</td><td>☐</td><td>建筑</td></tr>
</table>

图 2.74

5)画法讲解

(1)直线绘制台阶

台阶属于面式构件,因此可以直线绘制,也可以点绘制,这里用直线绘制法。首先作好辅助轴线,然后选择"直线",单击交点形成闭合区域即可绘制台阶,如图 2.75 所示。

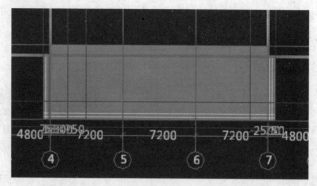

图 2.75

（2）智能布置散水

散水同样属于面式构件，因此可以直线绘制，也可以点绘制，这里用智能布置法比较简单。先在④轴与⑦轴间绘制一道虚墙，与外墙平齐形成封闭区域，单击"智能布置"→"外墙外边线"，在弹出对话框输入"900"，单击"确定"按钮即可。绘制完的散水如图 2.76 所示。

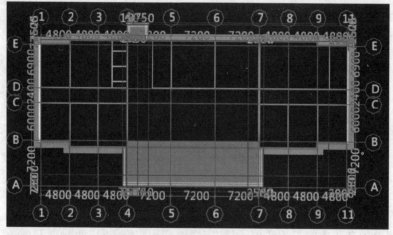

图 2.76

四、任务结果

汇总计算，统计本层台阶、散水的工程量，如表 2.34 所示。

表 2.34　台阶、散水清单定额工程量

序　号	项目编码	项目名称及特征	单　位	工程量
1	010507001001	散水、坡道 散水 1.60mm 厚 C15 混凝土，撒 1∶1 水泥砂子，压实抹光 2.120mm 厚碎石或碎砖垫层 3.土夯实，向外坡 4% 4.沿外墙皮设通缝，每隔 8m 设伸缩缝，内填沥青砂浆	m²	96.1194

续表

序　号	项目编码	项目名称及特征	单　位	工程量
1	9-58 H8021191 PB102	墙脚护坡　混凝土面　换为【现浇现拌混凝土 碎石（最大粒径：20mm）混凝土强度等级 C15】	100m²	0.9612
	3-10	砂石垫层　碎石垫层　灌浆	10m³	1.1534
2	010507004001	台阶 1.混凝土强度等级：C25 2.混凝土拌合料要求：商品混凝土	m²	174.93
	9-66 H8021201 8021221	台阶　混凝土　换为【现浇现拌混凝土　碎石 （最大粒径：40mm）混凝土强度等级 C25】	10m²	17.493
3	011107002001	块料台阶面 1.找平层厚度、砂浆配合比：20mm 厚 1：3 水泥砂浆找平层 2.面层材料品种、规格、品牌、颜色：5～10mm 厚防滑地砖	m²	29.0813
	10-121	地砖台阶面	100m²	0.4442
	10-1	整体面层　水泥砂浆找平层20mm 厚	100m²	0.2908

五、总结拓展

①台阶绘制后,还要根据实际图纸设置台阶起始边。
②台阶属性定义只给出台阶的顶标高。
③如果在封闭区域,台阶也可以使用点式绘制。

思考与练习

(1)智能布置散水的前提条件是什么?
(2)表2.34 中散水的工程量是最终工程量吗?
(3)散水与台阶相交时,软件会自动扣减吗?若扣减,谁的级别大?
(4)台阶、散水在套用清单与定额时,与主体构件有哪些区别?

2.2.10　平整场地、建筑面积的工程量计算

通过本小节的学习,你将能够:
(1)依据定额和清单分析平整场地、建筑面积的工程量计算规则;
(2)定义平整场地、建筑面积的属性及做法套用;
(3)绘制平整场地、建筑面积;

(4)统计平整场地、建筑面积的工程量。

一、任务说明

①完成平整场地、建筑面积的属性定义、做法套用及图元绘制。
②汇总计算,统计首层平整场地、建筑面积的工程量。

二、任务分析

①平整场地的工程量计算如何定义?此项目中应选用地下一层还是首层的建筑面积?
②首层建筑面积中门厅外台阶的建筑面积应如何计算?工程量表达式中做何修改?
③与建筑面积相关综合脚手架和工程水电费如何套用清单、定额?

三、任务实施

1)分析图纸

分析首层平面图可知,本层建筑面积分为楼层建筑面积和雨篷建筑面积两部分。

2)清单、定额计算规则学习

(1)清单计算规则(见表2.35)

表2.35 平整场地、建筑面积清单计算规则

编 号	项目名称	单 位	计算规则
010101001	平整场地	m^2	按设计图示尺寸以建筑物首层建筑面积计算
011701001	综合脚手架	m^2	按建筑面积计算
011701006	满堂脚手架	m^2	按天棚水平投影面积计算
011703001	垂直运输	m^2	按建筑面积计算

(2)定额计算规则(见表2.36)

表2.36 平整场地、建筑面积定额计算规则

编 号	项目名称	单 位	计算规则
1-22	机械土方 场地机械平整	m^2	按建筑物底面积外边线每边各放2m计算
16-5	综合脚手架	m^2	按建筑面积计算,另加(3)项
16-40	单项脚手架 满堂脚手架	m^2	按天棚水平投影面积计算
17-4	建筑物垂直运输	m^2	按建筑面积计算,另加(3)项

注:另加(3)项,系浙江省建筑工程预算定额要求以下内容并入综合脚手架计算:
①骑楼、过街楼下的人行通道和建筑物通道,以及建筑物底层无维护结构的架空层,层高在2.2m及以上者按墙(柱)外围水平面积计算;层高不足2.2m者计算1/2面积。
②设备管道夹层(原技术层)层高在2.2m及以上者按墙外围水平面积计算;层高不足2.2m者计算1/2面积。
③有墙体、门窗封闭的阳台,按其外围水平投影面积计算。

3)属性定义

（1）平整场地的属性定义

在模块导航栏中单击"其他"→"平整场地"，在构件列表中单击"新建"→"新建平整场地"，在属性编辑框中输入相应的属性值，如图 2.77 所示。

（2）建筑面积的属性定义

在模块导航栏中单击"其他"→"建筑面积"，在构件列表中单击"新建"→"新建建筑面积"，在属性编辑框中输入相应的属性值，如图 2.78 所示。注意：在"建筑面积计算"中请根据实际情况选择计算全部还是一半。

属性名称	属性值	附加
名称	平整场地	
备注		☐
⊞ 计算属性		
⊞ 显示样式		

图 2.77

属性名称	属性值	附加
名称	建筑面积1	
底标高(m)	层底标高	☐
建筑面积计	计算全部	☐
备注		☐
⊞ 计算属性		
⊞ 显示样式		

图 2.78

4)做法套用

①平整场地的做法在建筑面积里面套用，如图 2.79 所示。

	编码	类别	项目名称	项目特征	单位	工程量表达式	表达式说明	措施项目	专业
1	⊟ 010101001	项	平整场地		m2	MJ	MJ〈面积〉	☐	建筑工程
2	1-22	定	机械土方 场地机械平整±30cm以内		m2	WF2MMJ	WF2MMJ〈外放2米的面积〉	☐	建筑

图 2.79

②建筑面积套用做法，如图 2.80 所示。

	编码	类别	项目名称	项目特征	单位	工程量表达式	表达式说明	措施项目	专业
1	⊟ 011701001001	项	综合脚手架—地上	1、擔口高度：20M内 2、层高：6M内	m2	ZHJSJMJ	ZHJSJMJ〈综合脚手架面积〉	☑	建筑工程
2	16-5	定	综合脚手架 建筑物檐高20m以内 层高5m以内		m2	YSMJ	YSMJ〈原始面积〉	☑	建筑
3	⊟ 011701006001	项	满堂脚手架	1、层高：5.2M内	m2	ZHJSJMJ	ZHJSJMJ〈综合脚手架面积〉	☑	建筑工程
4	16-40	定	单项脚手架 满堂脚手架 基本层3.6 m 5.2m		m2	YSMJ	YSMJ〈原始面积〉	☑	建筑
5	⊟ 011703001001	项	垂直运输	1、擔口高度：20M内 2、层数：地上4层，地下一层 3、地下室建筑面积：1005.95m2	m2	ZHJSJMJ	ZHJSJMJ〈综合脚手架面积〉	☑	建筑工程
6	17-4	定	建筑物垂直运输 建筑物檐高20m以内		m2	YSMJ	YSMJ〈原始面积〉	☑	建筑

图 2.80

5)画法讲解

（1）平整场地绘制

平整场地属于面式构件，可以点画也可以直线绘制。以点画为例，将所绘制区域用外虚墙封闭，在绘制区域内单击右键即可，如图 2.81 所示。

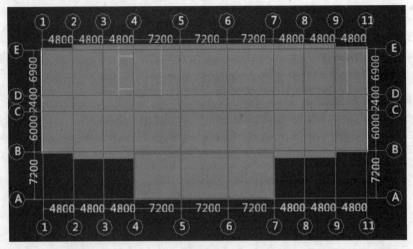

图2.81

（2）建筑面积绘制

建筑面积绘制同平整场地，特别注意雨篷的建筑面积要计算一半，绘制结果如图2.82所示。

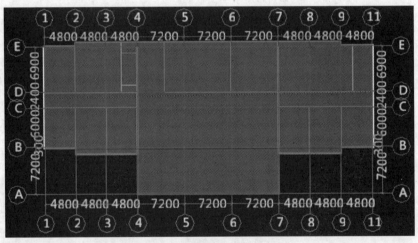

图2.82

四、任务结果

汇总计算，统计本层平整场地、建筑面积的工程量，如表2.37所示。

表2.37　平整场地、建筑面积清单定额工程量

序　号	项目编码	项目名称及特征	单　位	工程量
1	010101001001	平整场地	m²	1085.7169
	1-22	机械土方　场地机械平整±30cm以内	1000m²	1.445

续表

序　号	项目编码	项目名称及特征	单　位	工程量
2	011701001001	综合脚手架-地上 1.檐口高度:20m内 2.层高:6m内	m²	926.7706
	16-5	综合脚手架 建筑物檐高20m以内 层高6m以内	100m²	10.0329
3	011701006001	满堂脚手架 层高:5.2m内	m²	794.9344
	16-40	单项脚手架 满堂脚手架 基本层3.6~5.2m	100m²	8.7146
4	011701006002	满堂脚手架 层高:7.8m	m²	131.8363
	16-40 D7.8	单项脚手架 满堂脚手架 基本层3.6~5.2m 实际高度(m):7.8	100m²	1.3184
5	011703001001	垂直运输 1.檐口高度:20m内 2.层数:地上4层,地下一层 3.地下室建筑面积:1005.95m²	m²	926.7706
	17-4	建筑物垂直运输 建筑物檐高20m以内	100m²	10.0329

五、总结拓展

①平整场地习惯上是计算首层建筑面积区域,但是地下室建筑面积大于首层建筑面积时,平整场地以地下室建筑面积为准。

②当一层建筑面积计算规则不一样时,有几个区域就要建立几个建筑面积属性。

思考与练习

(1)平整场地与建筑面积属于面式图元,与用直线绘制其他面式图元有什么区别?需要注意哪些问题?

(2)平整场地与建筑面积绘制图元范围是一样的,计算结果有哪些区别?

2.3　二层工程量计算

通过本节的学习,你将能够:

(1)掌握层间复制图元的两种方法;

（2）绘制弧形线性图元；

（3）定义参数化飘窗。

2.3.1　二层柱、墙体的工程量计算

通过本小节的学习，你将能够：

（1）掌握图元层间复制的两种方法；

（2）统计本层柱、墙体的工程量。

一、任务说明

①使用两种层间复制方法完成二层柱、墙体的做法套用及图元绘制。

②查找首层与二层的不同部分，将不同部分修正。

③汇总计算，统计二层柱、墙体的工程量。

二、任务分析

①对比二层与首层的柱、墙都有哪些不同？从名称、尺寸、位置、做法4个方面进行对比。

②从其他楼层复制构件图元与复制选定图元到其他楼层有什么不同？

三、任务实施

1）分析图纸

（1）分析框架柱

分析结施-5，二层框架柱和首层框架柱相比，截面尺寸、混凝土标号没有差别，不同的是二层没有 KZ4 和 KZ5。

（2）分析剪力墙

分析结施-5，二层的剪力墙和一层的相比，截面尺寸、混凝土标号没有差别，唯一不同的是标高发生了变化。二层的暗梁、连梁、暗柱和首层相比没有差别，暗梁、连梁、暗柱为剪力墙的一部分。

（3）分析砌块墙

分析建施-3、建施-4，二层砌体与一层的基本相同。屋面的位置有 240mm 厚的女儿墙。女儿墙将在后续章节中详细讲解，这里不作介绍。

2）画法讲解

（1）复制选定图元到其他楼层

在首层，选择"楼层"→"复制选定图元到其他楼层"，框选需要复制的墙体，右键弹出"复制选定图元到其他楼层"对话框，勾选"第 2 层"，单击"确定"按钮，弹出"图元复制成功"提示框，如图 2.83、图 2.84、图 2.85 所示。

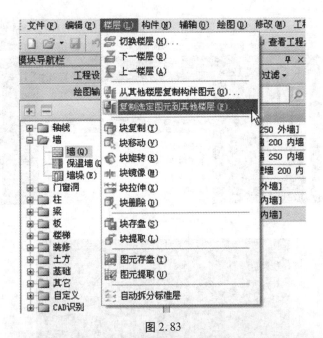

图 2.83

图 2.84

图 2.85

（2）删除多余墙体

选择"第 2 层"，选中②轴/①—⑤轴的框架间墙，单击右键选择"删除"，弹出确认对话框"是否删除当前选中的图元"，选择"是"按钮，删除完成，如图 2.86、图 2.87 所示。

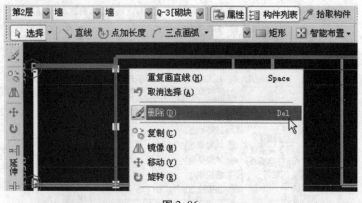

图 2.86

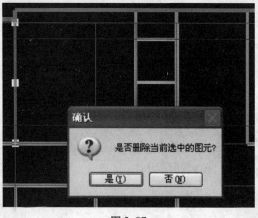

图 2.87

四、任务结果

应用"复制选定图元到其他楼层"完成二层图元的绘制。保存并汇总计算,统计本层柱的工程量、墙的阶段性工程量,如表 2.38 所示。

表 2.38　二层柱、墙体清单定额工程量

序　号	项目编码	项目名称及特征	单　位	工程量
1	010402001001	砌块墙 1.墙体厚度:200mm 2.砌块品种、规格、强度等级:蒸压轻质加气混凝土砌块(砂加气,不含粉煤灰) 3.砂浆强度等级、配合比:砂加气混凝土砌块专用粘结砂浆	m³	76.0819
	3-87 H8001021 8001011	蒸压砂加气混凝土砌块 墙厚 200mm 以内 换为【水泥砂浆 M5.0】	10m³	7.6006

续表

序号	项目编码	项目名称及特征	单位	工程量
2	010402001002	砌块墙 1.墙体厚度:250mm 2.砌块品种、规格、强度等级:蒸压轻质加气混凝土砌块(砂加气,不含粉煤灰) 3.砂浆强度等级、配合比:砂加气混凝土砌块专用粘结砂浆	m³	31.727
	3-88 H8001021 8001011	蒸压砂加气混凝土砌块 墙厚300mm以内 换为【水泥砂浆 M5.0】	10m³	3.1727
3	010402001004	砌块墙 1.墙体厚度:100mm 2.砌块品种、规格、强度等级:蒸压轻质加气混凝土砌块(砂加气,不含粉煤灰) 3.砂浆强度等级、配合比:砂加气混凝土砌块专用粘结砂浆 4.墙体部位:-1~4层排风井墙体	m³	1.9697
	3-86 H8001021 8001011	蒸压砂加气混凝土砌块 墙厚150mm以内 换为【水泥砂浆 M5.0】	10m³	0.1969
4	010502001001	矩形柱 1.混凝土强度等级:C30 2.混凝土种类:商品混凝土	m³	32.292
	4-79 H0433022 0433024	现浇商品混凝土(泵送) 建筑物混凝土 矩形柱、异形柱、圆形柱 换为【泵送商品混凝土C30】	10m³	3.2292
5	010502001002	矩形柱 1.混凝土强度等级:C25 2.混凝土种类:商品混凝土	m³	0.495
	4-79 H0433022 0433023	现浇商品混凝土(泵送) 建筑物混凝土 矩形柱、异形柱、圆形柱 换为【泵送商品混凝土C25】	10m³	0.0495
6	010502003001	异形柱 圆柱 1.混凝土强度等级:C30 2.混凝土种类:商品混凝土	m³	4.4261
	4-79 H0433022 0433024	现浇商品混凝土(泵送) 建筑物混凝土 矩形柱、异形柱、圆形柱 换为【泵送商品混凝土C30】	10m³	0.4426

续表

序 号	项目编码	项目名称及特征	单 位	工程量
7	010504001001	直形墙 电梯井壁 1.部位:电梯井壁 2.混凝土强度等级:C30 3.混凝土种类:商品混凝土	m³	12.4215
	4-89 H0433022 0433024	现浇商品混凝土(泵送) 建筑物混凝土 直形、弧形墙 墙厚10cm 以上 换为【泵送商品混凝土 C30】	10m³	1.2422
8	010504001004	直形墙 1.混凝土强度等级:C30 2.混凝土种类:商品混凝土 3.墙厚:100mm 以上	m³	62.7413
	4-89 H0433022 0433024	现浇商品混凝土(泵送) 建筑物混凝土 直形、弧形墙 墙厚10cm 以上 换为【泵送商品混凝土 C30】	10m³	6.2741

五、总结拓展

①从其他楼层复制构件图元。如图 2.83 所示,应用"复制选定图元到其他楼层"的功能进行墙体复制时,可以看到"复制选定图元到其他楼层"的上面有"从其他楼层复制构件图元"的功能,同样可以应用此功能对构件进行层间复制,如图 2.88 所示。

图 2.88

②选择"第2层",单击"楼层"→"从其他楼层复制构件图元",弹出如图2.88所示对话框。在"源楼层选择"中选择"首层",然后在"图元选择"中选择所有的墙体构件,"目标楼层选择"中勾选"第2层",然后单击"确定"按钮,弹出如图2.89所示"同位置图元/同名构件处理方式"对话框。因为刚才已经通过"复制选定图元到其他楼层"复制了墙体,在二层已经存在墙图元,所以按照如图2.89所示选择即可,单击"确定"按钮后,弹出"图元复制完成"提示框。

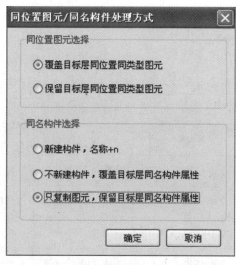

图2.89

思考与练习

两种层间复制方法有哪些区别?

2.3.2　二层梁、板、后浇带的工程量计算

通过本小节的学习,你将能够:
(1)掌握"修改构件图元名称"修改图元的方法;
(2)掌握三点画弧绘制弧形图元;
(3)统计本层梁、板、后浇带的工程量。

一、任务说明

①查找首层与二层的不同部分。
②使用"修改构件图元名称"修改二层梁、板。
③使用三点画弧完成弧形图元的绘制。
④汇总计算,统计二层梁、板、后浇带的的工程量。

二、任务分析

①对比二层与首层的梁、板都有哪些不同？从名称、尺寸、位置、做法 4 个方面进行对比。

②构件名称、构件属性、做法、图元之间有什么关系？

三、任务实施

1)分析图纸

(1)分析梁

分析结施-8、结施-9,可以得出二层梁与首层梁的差异,如表 2.39 所示。

表 2.39　二层与首层梁的差异

序　号	名　称	截面尺寸:宽×高(mm)	位　置	备　注
1	L1	250×500	Ⓑ轴向下	弧形梁
2	L3	250×500	Ⓔ轴向上 725mm	名称改变,250×500
3	L4	250×400	电梯处	截面变化原来 200×400
4	KL5	250×500	③轴、⑧轴上	名称改变,250×500
5	KL6	250×500	⑤轴、⑥轴上	名称、截面改变,250×600
6	KL7	250×500	Ⓔ轴/⑨—⑩轴	名称改变,250×500

(2)分析板

分析结施-12 与结施-13,通过对比首层和二层的板厚、位置等,可以知道二层在Ⓑ—Ⓒ/④—⑦轴区域内与首层不一样。

(3)后浇带

二层后浇带的长度发生了变化。

2)做法套用

做法套用同首层。

3)画法讲解

(1)复制首层梁到二层

运用"复制选定图元到其他楼层"复制梁图元,复制方法同 2.3.1 节复制墙的方法,这里不再细述。在选中图元时用左框选,选中需要的图元,单击右键确定即可。

注意:位于Ⓑ轴向下区域的梁不进行框选,二层这个区域的梁和首层完全不一样,如图 2.90 所示。

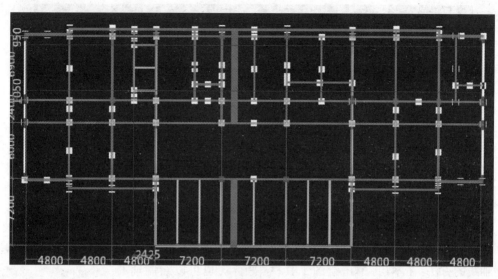

图 2:90

（2）修改二层的梁图元

①修改 L12 变成 L3。选中要修改的图元，单击右键选择"修改构件图元名称"（见图 2.91），弹出"修改构件图元名称"对话框，在"目标构件"中选择"L3"，如图 2.92 所示。

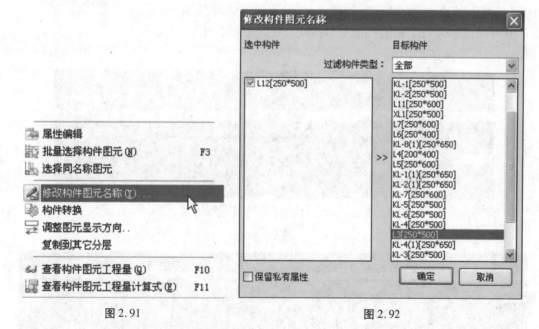

图 2.91　　　　　　　　　　　　　　　　图 2.92

②修改 L4 的截面尺寸。在绘图界面选中 L4 的图元，在属性编辑框中修改宽度为"250"，按回车即可。

③选中Ⓔ轴/④—⑦轴的 XL1，单击右键选择"复制"，选中基准点，复制到Ⓑ轴/④—⑦轴，复制后的结果如图 2.93 所示。然后把这两段 XL1 延伸到Ⓑ轴上，如图 2.94 所示。

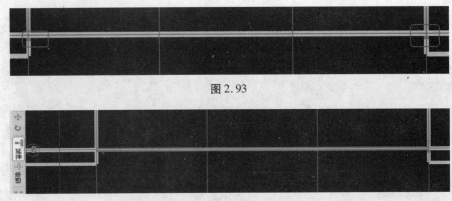

图 2.93

图 2.94

（3）绘制弧形梁

①绘制辅助轴线。前面已经讲过在轴网界面建立辅助轴线，下面介绍一种更简便的建立辅助轴线的方法：在本层，单击绘图工具栏"平行"，也可以绘制辅助轴线。

②三点画弧。点开"逆小弧"旁的三角（见图 2.95），选择"三点画弧"，在英文状态下按下键盘上的"Z"把柱图元显示出来，再按下捕捉工具栏的"中点"，捕捉位于Ⓑ轴与⑤轴相交处柱端的中点，此点为起始点（见图 2.96），点中第二点（如图 2.97 所示的两条辅助轴线的交点），选择终点Ⓑ轴与⑦轴的相交处柱端的终点（见图 2.97），单击右键结束，再单击保存。

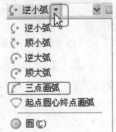

图 2.95

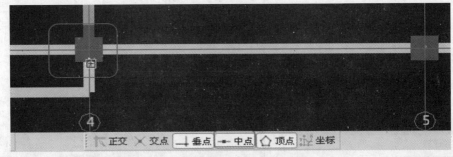

图 2.96

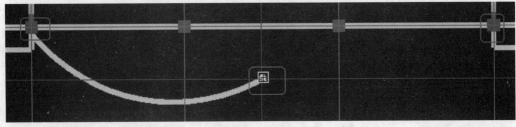

图 2.97

四、任务结果

汇总计算,统计本层梁、板、后浇带的工程量,如表2.40所示。

表2.40　二层梁、板、后浇带清单定额工程量

序　号	项目编码	项目名称及特征	单　位	工程量
1	010503002001	矩形梁 1.混凝土强度等级:C30 2.混凝土种类:商品混凝土	m³	52.1861
	4-83 H0433022 0433024	现浇商品混凝土(泵送) 建筑物混凝土 单梁、连续梁、异形梁、弧形梁、吊车梁 换为【泵送商品混凝土 C30】	10m³	5.2186
2	010503006001	弧形梁 1.混凝土强度等级:C30 2.混凝土种类:商品混凝土	m³	2.5664
	4-83 H0433022 0433024	现浇商品混凝土(泵送) 建筑物混凝土 单梁、连续梁、异形梁、弧形梁、吊车梁 换为【泵送商品混凝土 C30】	10m³	0.2566
3	010505003001	平板 1.混凝土强度等级:C30 2.混凝土种类:商品混凝土	m³	83.3617
	4-86 H0433022 0433024	现浇商品混凝土(泵送) 建筑物混凝土 板 换为【泵送商品混凝土 C30】	10m³	8.4958
4	010508001002	后浇带 1.混凝土强度等级:C35 2.混凝土种类:商品混凝土	m³	2.4169
	4-92	现浇商品混凝土(泵送) 建筑物混凝土 后浇带梁、板厚20cm以上	10m³	0.2417

五、总结拓展

①左框选:图元完全位于框中的才能被选中。

②右框选:只要在框中的图元都被选中。

思考与练习

(1)应用"修改构件图元名称"把③轴和⑧轴的KL6修改为KL5。

(2)应用"修改构件图元名称"把⑤轴和⑥轴的 KL7 修改为 KL6,使用"延伸"将其延伸到图纸所示位置。

(3)利用层间复制的方法复制板图元到二层。

(4)利用直线和三点画弧重新绘制 LB1。

(5)把位于Ⓔ轴/⑨—⑩轴的 KL8 修改为 KL7。

(6)绘制位于Ⓑ—Ⓒ/④—⑦轴的三道 L12,要求运用到偏移和"Shift+左键"。

2.3.3　二层门窗的工程量计算

通过本小节的学习,你将能够:

(1)定义参数化飘窗;

(2)掌握移动功能;

(3)统计本层门窗工程量。

一、任务说明

①查找首层与二层的不同部分,并修正。

②使用参数化飘窗功能完成飘窗定义与做法套用。

③汇总计算,统计二层门窗的工程量。

二、任务分析

①对比二层与首层的门窗都有哪些不同? 从名称、尺寸、位置、做法 4 个方面进行对比。

②飘窗由多少个构件组成? 每一构件都对应有哪些工作内容? 做法如何套用?

三、任务实施

1)分析图纸

分析建施-3、建施-4,首层 LM1 的位置对应二层的两扇 LC1,首层 TLM1 的位置对应二层的 M2,首层 MQ1 的位置在二层是 MQ3,首层Ⓓ轴/①—③轴的位置在二层是 M2,首层 LC3 的位置在二层是 TC1。

2)属性定义

在模块导航栏中单击"门窗洞"→"飘窗",在构件列表中单击"新建"→"新建参数化飘窗",弹出如图 2.98 所示"选择参数化图形"对话框,选择"矩形飘窗",单击"确定"按钮后弹出如图 2.99 所示"编辑图形参数化"对话框。根据图纸中的飘窗尺寸,进行编辑后,单击"保存退出"按钮,最后在属性编辑框中输入相应的属性值,如图 2.100 所示。

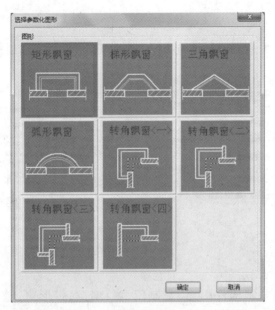

图 2.98

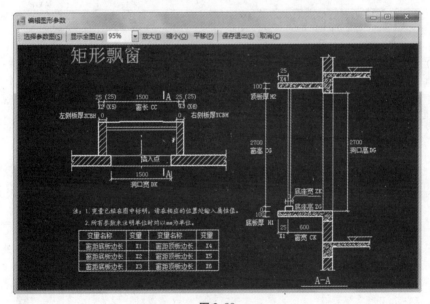

图 2.99

属性名称	属性值	附加
名称	TC1	
砼标号	(C30)	☐
砼类型	(现浇砼)	☐
截面形状	矩形飘窗	☐
离地高度(	700	☐
备注		☐
⊞ 计算属性		

图 2.100

3)做法套用

分析结施-9 的节点 1、结施-12、结施-13、建施-4，TC1 是由底板、顶板、带形窗组成，其做法套用如图 2.101 所示。

	编码	类别	项目名称	项目特征	单位	工程量表达式	表达式说明	措施项目	专业
1	─ 010807007001	项	金属（塑钢、断桥）飘窗	1.断桥铝合金low-e中空玻璃窗	m2	DKMJ	DKMJ<洞口面积>	☐	建筑工程
2	─ 13-97	定	金属窗 铝合金窗制作安装 推拉窗		m2	DKMJ	DKMJ<洞口面积>	☐	建筑
3	─ 011702023002	项	雨蓬、悬挑板、阳台板	1.飘窗板	m2	DDBCMMJ+DDBDMMJ	DDBCMMJ<底板侧面面积>+DDBDMMJ<底板底面面积>	☑	建筑工程
4	─ 4-193	定	建筑物模板 全悬挑阳台、雨蓬	m2（投影面）	DDBCMMJ+DDBDMMJ	DDBCMMJ<底板侧面面积>+DDBDMMJ<底板底面面积>	☑	建筑
5	─ 010505008002	项	雨蓬、悬挑板、阳台板	1、混凝土强度等级：C25 2、混凝土种类：商品混凝土 3、部位：飘窗	m3	TTJ	TTJ<砼体积>	☐	建筑工程
6	─ 4-97	定	现浇商品混凝土（泵送）建筑物混凝土 阳台		m3	TTJ	TTJ<砼体积>		建筑

图 2.101

4)画法讲解

（1）复制首层门窗到二层

运用"从其他楼层复制构件图元"复制门、窗、墙洞、带形窗、壁龛到二层，如图 2.102 所示。

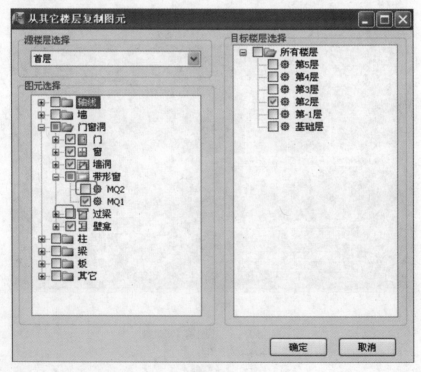

图 2.102

（2）修改二层的门、窗图元

①删除①轴上 M1、TLM1；利用"修改构件图元名称"把 M1 变成 M2，由于 M2 尺寸比 M1 宽，M2 的位置变成如图 2.103 所示。

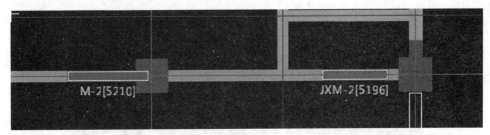

图 2.103

②修改二层的门窗,以 M2 为例。

a. 对 M2 进行移动,选中 M2,单击右键选择"移动",单击图元并移动图元,如图 2.104 所示。

图 2.104

b. 将门端的中点作为基准点,单击如图 2.105 所示的插入点。

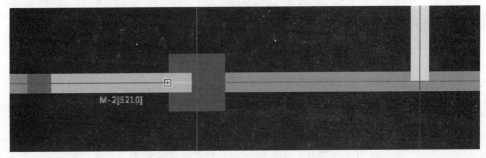

图 2.105

c. 移动后的 M2 位置,如图 2.106 所示。

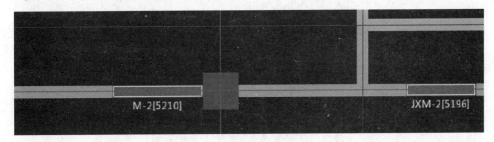

图 2.106

(3)精确布置 TC1

删除 LC3,利用精确布置绘制 TC1 图元,绘制好的 TC1 如图 2.107 所示。

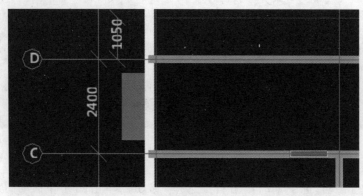

图 2.107

四、任务结果

①应用"修改构件图元名称"把 MQ1 修改为 MQ3;删除 LM1,利用精确布置绘制 LC1。

②汇总计算,统计本层门窗的工程量,如表 2.41 所示。

表 2.41　二层门窗清单定额工程量

序　号	项目编码	项目名称及特征	单　位	工程量
1	010505008002	雨篷、悬挑板、阳台板 1. 混凝土强度等级:C25 2. 混凝土种类:商品混凝土 3. 部位:飘窗	m³	0.3875
	4-97	现浇商品混凝土(泵送) 建筑物混凝土 阳台	10m³	0.0388
2	010508001002	后浇带 1. 混凝土强度等级:C35 2. 混凝土种类:商品混凝土	m³	2.4169
	4-92	现浇商品混凝土(泵送) 建筑物混凝土 后浇带 梁、板厚20cm 以上	10m³	0.2417
3	010801001001	木质门-装饰夹板门 1. 部位:M1,M2 2. 类型:拼花装饰实心装饰夹板门(带框),含五金	m²	26.25
	13-32	木门框制作安装、成品木门安装 单独木门框制作安装	100m	0.587
	13-16	装饰门扇制作、安装 实心门 装饰夹板门 平面普通	100m²	0.2625

续表

序　号	项目编码	项目名称及特征	单　位	工程量
4	010801004001	木质防火门 1. 成品木质丙级防火检修门,含五金	m²	5.9
	13-32	木门框制作安装、成品木门安装 单独木门框制作安装	100m	0.1495
	13-20	装饰门扇制作、安装 实心门 防火板门 平面	100m²	0.059
5	010802003002	钢质防火门 1. 成品钢质乙级防火门,含五金	m²	5.04
	13-56	金属门 钢质防火门	100m²	0.0504
6	010807001001	金属(塑钢、断桥)窗 1. 断桥铝合金 low-e 中空玻璃	樘	36
	13-97	金属窗 铝合金窗制作安装 推拉窗	100m²	1.0692
7	010807007001	金属(塑钢、断桥)飘窗 1. 断桥铝合金 low-e 中空玻璃窗	m²	8.1
	13-97	金属窗 铝合金窗制作安装 推拉窗	100m²	0.081
8	011209001001	带骨架幕墙 隐框玻璃幕墙,含骨架及配件	m²	153.304
	11-211	玻璃幕墙面层 隐框 中空玻璃	100m²	1.533

五、总结拓展

组合构件

灵活利用软件中的构件去组合图纸上复杂的构件。以组合飘窗为例,讲解组合构件的操作步骤。飘窗是由底板、顶板、带形窗、墙洞组成。

(1)飘窗底板

①新建飘窗底板,如图 2.108 所示。

②通过复制建立飘窗顶板,如图 2.109 所示。

图 2.108　　　　　　　　　　　　　图 2.109

（2）新建飘窗、墙洞

①新建带形窗，如图 2.110 所示。

②新建飘窗墙洞，如图 2.111 所示。

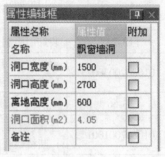

图 2.110   图 2.111

（3）绘制底板、顶板、带形窗、墙洞

绘制完飘窗底板，在同一位置绘制飘窗顶板，图元标高不相同，可以在同一位置进行绘制。绘制带形窗，需要在外墙外边线的地方把带形窗打断（见图 2.112），对带形窗进行偏移（见图 2.113），接着绘制飘窗墙洞。

图 2.112

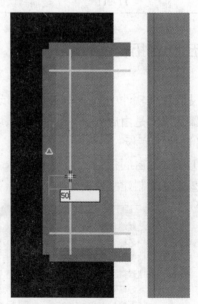

图 2.113

（4）组合构件

进行右框选（见图 2.114），弹出"新建组合构件"对话框（见图 2.115），查看是否有多余或缺少的构件，单击右键确定，组合构件完成。

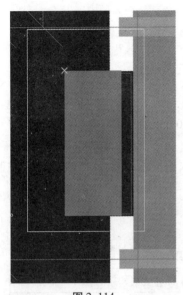

图 2.114

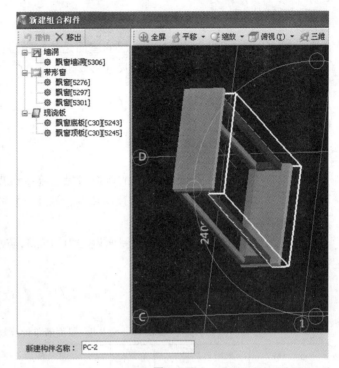

图 2.115

思考与练习

(1)Ⓔ轴/④—⑤轴间 LC1 为什么要利用精确布置进行绘制?

(2)定额中飘窗是否计算建筑面积?

2.3.4　女儿墙、屋面的工程量计算

通过本小节的学习,你能够:

(1)确定女儿墙高度、厚度,确定屋面防水的上卷高度;

(2)矩形绘制屋面图元;

(3)图元的拉伸;

(4)统计本层女儿墙、女儿墙压顶、屋面的工程量。

一、任务说明

①完成二层屋面的女儿墙、屋面的工程量计算。

②汇总计算,统计二层女儿墙、女儿墙压顶、屋面的工程量。

二、任务分析

①从哪张图中找到屋面做法？二层的屋面是什么做法？都与哪些清单、定额相关？
②从哪张图中可以找到女儿墙的尺寸？

三、任务实施

1）分析图纸

（1）分析女儿墙及压顶

分析建施-4、建施-8可知，女儿墙的构造参见建施-8节点1，女儿墙墙厚240mm（以建施-4平面图为准）。女儿墙墙身为砖墙，压顶材质为混凝土，宽340mm、高150mm。

（2）分析屋面

分析建施-0、建施-1可知，本层的屋面做法为屋面3，防水的上卷高度设计没有指明，按照定额默认高度为250mm。

2）清单、定额计算规则学习

（1）清单计算规则

表2.42　女儿墙、屋面清单计算规则

编　号	项目名称	单　位	计算规则
010401003	实心砖墙	m³	按设计图示尺寸以体积计算
010507005	扶手、压顶	m³	以立方米计量，按设计图示尺寸以体积计算
011001001	保温隔热屋面	m²	按设计图示尺寸以面积计算
010902001	屋面卷材防水	m²	按设计图示尺寸以面积计算 1. 斜屋顶（不包括平屋顶找坡）按斜面积计算，平屋顶按水平投影面积计算； 2. 不扣除房上烟囱、风帽底座、风道、屋面小气窗和斜沟所占面积； 3. 屋面的女儿墙、伸缩缝和天窗等处的弯起部分，并入屋面工程量内

（2）定额计算规则

表2.43　女儿墙、屋面定额计算规则

编　号	项目名称	单　位	计算规则
3-20	混凝土实心砖　墙厚1砖墙	m³	
4-100	现浇商品混凝土（泵送）建筑物混凝土　小型构件	m³	同清单计算规则
8-34	屋面保温隔热　保温板材　聚苯乙烯泡沫保温板	m²	

续表

编　号	项目名称	单　位	计算规则
7-5	刚性屋面　水泥砂浆保护层	m²	同清单面层规则
7-1	刚性屋面　细石混凝土防水层	m²	
7-63	柔性防水　卷材防水　湿铺法防水卷材　自粘卷材　平面	m²	按露面实铺面积计算
10-1	整体面层　水泥砂浆找平层	m²	同清单面层规则
7-79	柔性防水　涂膜防水　溶剂型防水涂料　聚氨酯	m²	

3)属性定义

(1)女儿墙的属性定义

女儿墙的属性定义同墙,只是在新建墙体时,把名称改为"女儿墙",在类别中选择"砌块墙",其属性定义如图2.116所示。

(2)屋面的属性定义

在模块导航栏中单击"其他"→"屋面",在构件列表中单击"新建"→"新建屋面",在属性编辑框中输入相应的属性值,如图2.117所示。

(3)女儿墙压顶的属性定义

在模块导航栏中单击"其他"→"压顶",在构件列表中单击"新建"→"新建压顶",把名称改为"女儿墙压顶",其属性定义如图2.118所示。

属性名称	属性值	附加
名称	女儿墙	
类别	砌体墙	
材质	砌块	
砂浆标号	(M5)	
砂浆类型	混合砂浆	
厚度(mm)	240	✓
起点顶标高	层底标高+	
终点顶标高	层底标高+	
起点底标高	层底标高	
终点底标高	层底标高	
轴线距左墙	(120)	
内/外墙标	外墙	✓
图元形状	直形	
是否为人防	否	
备注		
计算属性		
显示样式		

图2.116

属性名称	属性值	附加
名称	不上人屋	
顶标高(m)	层底标高	
备注		
计算属性		
显示样式		

图2.117

属性名称	属性值	附加
名称	女儿墙压	
材质	现浇混凝	
砼标号	(C30)	
砼类型	现浇砼	
截面宽度(	340	
截面高度(	150	
截面面积(m	0.051	
起点顶标高	墙顶标高	
终点顶标高	墙顶标高	
轴线距左边	(170)	
备注		
计算属性		
显示样式		

图2.118

4)做法套用

①女儿墙的做法套用,如图2.119所示。

	编码	类别	项目名称	项目特征	单位	工程量表达式	表达式说明	措施项目	专业
1	─ 010401003001	项	实心砖墙	1、砖品种、规格、强度等级：MU10级混凝土实心砖 2、墙体厚度：250mm 3、部位：女儿墙 4、砂浆强度等级、配合比：M5混合砂浆	m3	TJ	TJ〈体积〉	☐	建筑工程
2	└ 3-20 H8005 021 800501	换	混凝土实心砖 墙厚 1砖墙 换为【混合砂浆 M5.0】		m3	TJ	TJ〈体积〉	☐	建筑

图2.119

②屋面的做法套用,如图2.120所示。

	编码	类别	项目名称	项目特征	单位	工程量表达式	表达式说明	措施项目	专业
1	─ 010902001003	项	屋面卷材防水 屋面3 不上人屋面	1、：20厚1:2.5水泥砂浆保护？ ②？ 2、防水层：50厚C30细石混凝土（内配Aϕ6@200双向钢筋ϕ4）; 3厚BAC双面自粘防水卷材; 1.5厚聚氨酯涂膜防水层; 3、找平层：20厚1:3水泥砂浆找平层 4、部位：屋面3（不上人屋面）	m2	MJ	MJ〈面积〉	☐	建筑工程
2	─ 7-5	定	刚性屋面 水泥砂浆保护层		m2	MJ	MJ〈面积〉	☐	建筑
3	─ 7-1 D5	换	刚性屋面 细石混凝土防水层 厚4cm 实际厚度(cm):5		m2	MJ	MJ〈面积〉	☐	建筑
4	─ 7-63	定	柔性防水 卷材防水 湿铺法防水卷材 自粘卷材 平面		m2	FSMJ+JBCD*0.5	FSMJ〈防水面积〉+JBCD〈卷边长度〉*0.5	☐	建筑
5	─ 10-1	定	整体面层 水泥砂浆找平层 20厚		m2	MJ	MJ〈面积〉	☐	建筑
6	─ 7-79	定	柔性防水 涂膜防水 溶剂型防水涂料 聚氨酯 厚1.5 平面		m2	FSMJ+JBCD*0.5	FSMJ〈防水面积〉+JBCD〈卷边长度〉*0.5	☐	建筑
7	─ 011001001001	项	保温隔热屋面	1、保温隔热材料品种、规格：50厚挤塑聚乙烯保温板	m2	MJ	MJ〈面积〉	☐	建筑工程
8	─ 8-34	定	屋面保温隔热 保温板材 聚苯乙烯泡沫保温板		m2	MJ	MJ〈面积〉	☐	建筑

图2.120

③女儿墙压顶的做法套用,如图2.121所示。

	编码	类别	项目名称	项目特征	单位	工程量表达式	表达式说明	措施项目	专业
1	─ 010507005001	项	扶手、压顶	1、混凝土强度等级：C25 2、混凝土种类：商品混凝土 3、部位：女儿墙压顶	m3	TJ	TJ〈体积〉	☐	建筑工程
2	└ 4-100 H043 3003 04330 23	换	现浇商品混凝土（泵送）建筑物混凝土 小型构件 换为【泵送商品混凝土 C25】		m3	TJ	TJ〈体积〉	☐	建筑

图2.121

5)画法讲解

(1)直线绘制女儿墙

采用直线绘制女儿墙,由于画的时候是居中于轴线绘制的,因此女儿墙图元绘制完成后要对其进行偏移、延伸,使女儿墙各段墙体封闭,绘制好的图元如图2.122所示。

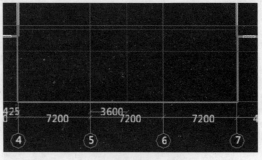

图2.122

（2）矩形绘制屋面

采用矩形绘制屋面，只要找到两个对角点即可进行绘制，如图 2.123 中的两个对角点。绘制完屋面，和图纸对应位置的屋面比较发现缺少一部分，如图 2.124 所示。采用"延伸"功能把屋面补全，选中屋面，单击要拉伸的面上一点，拖着往延伸的方向找到终点，如图 2.125 所示。

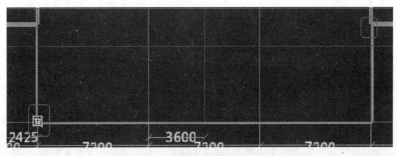

图 2.123

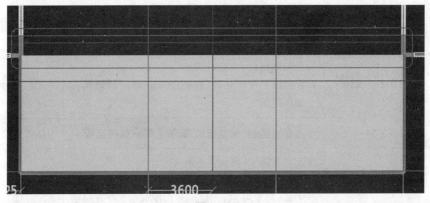

图 2.124

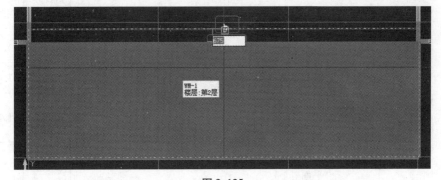

图 2.125

四、任务结果

汇总计算，统计二层女儿墙、压顶及屋面的工程量，如表 2.44 所示。

表 2.44　二层女儿墙、压顶及屋面清单定额工程量

序　号	项目编码	项目名称及特征	单　位	工程量
1	010401003001	实心砖墙 1. 砖品种、规格、强度等级:MU 10 级混凝土实心砖 2. 部位:女儿墙 3. 墙体厚度:250mm 4. 砂浆强度等级、配合比:M5 混合砂浆	m³	5.5812
	3-20 H8005021 8005011	混凝土实心砖 墙厚 1 砖墙 换为【混合砂浆 M5.0】	10m³	0.5581
2	010507005001	扶手、压顶 1. 混凝土强度等级:C25 2. 混凝土种类:商品混凝土 3. 部位:女儿墙压顶	m³	1.7325
	4-100 H0433003 0433023	现浇商品混凝土(泵送) 建筑物混凝土 小型构件 换为【泵送商品混凝土 C25】	10m³	0.1732
3	011001001001	保温隔热屋面 1. 保温隔热材料品种、规格:50mm 厚挤塑聚苯乙烯保温板	m²	144.981
	8-34	屋面保温隔热 保温板材 聚苯乙烯泡沫保温板	100m²	1.4498
4	010902001003	屋面卷材防水 屋面3 不上人屋面 1. 20mm 厚 1:2.5 水泥砂浆保护层 2. 50mm 厚 C30 细石混凝土(内配φ6@200 双向钢筋网) 3. 3mm 厚 BAC 双面自粘防水卷材 4. 1.5mm 厚聚氨酯涂膜防水层 5. 20mm 厚 1:3 水泥砂浆找平层	m²	144.981
	7-5	刚性屋面 水泥砂浆保护层	100m²	1.4498
	7-1 D5	刚性屋面 细石混凝土防水层 厚 4cm 实际厚度(cm):5	100m²	1.4498
	7-63	柔性防水 卷材防水 湿铺法防水卷材 自粘卷材 平面	100m²	1.712
	10-1	整体面层 水泥砂浆找平层 20mm 厚	100m²	1.4498
	7-79	柔性防水 涂膜防水 溶剂型防水涂料 聚氨酯 厚 1.5mm 平面	100m²	1.712

2.3.5 过梁、圈梁、构造柱的工程量计算

通过本小节的学习,你将能够:
统计本层圈梁、过梁、构造柱的工程量。

一、任务说明

完成二层过梁、圈梁、构造柱的工程量计算。

二、任务分析

①对比二层与首层的过梁、圈梁、构造柱,都有哪些不同?
②构造柱为什么不建议用复制?

三、任务实施

1)分析图纸

(1)分析过梁、圈梁

分析结施-2、结施-9、建施-4、建施-10、建施-11 可知,二层层高为3.9m,外墙上窗的高度为 2.7m,窗距地高度为0.7m,外墙上梁高为0.5m,所以外墙窗顶不设置过梁、圈梁,窗底设置圈梁。内墙门顶设置圈梁代替过梁。

(2)分析构造柱

构造柱的布置位置详见结施-2中第八条中的(4)。

2)画法讲解

(1)从首层复制圈梁图元到二层

利用"从其他楼层复制构件图元"的方法复制圈梁图元到二层,对复制过来的图元,利用 "三维"显示查看是否正确,比如查看门窗图元是否和梁相撞。

(2)自动生成构造柱

对于构造柱图元,不推荐采用层间复制。如果楼层不是标准层,通过复制过来的构造柱 图元容易出现位置错误的问题。

单击"自动生成构造柱",然后对构造柱图元进行查看,比如看是否在一段墙中重复布置 了构造柱图元。查看的目的是保证本层的构造柱图元的位置及属性都是正确的。

四、任务结果

汇总计算,统计本层构造柱、圈梁、过梁的工程量,如表2.45所示。

表 2.45 二层过梁、圈梁、构造柱清单定额工程量

序　号	项目编码	项目名称及特征	单　位	工程量
1	010502002001	构造柱 1.混凝土强度等级:C25 2.混凝土种类:商品混凝土	m³	12.5884
	4-80 H0433022 0433023	现浇商品混凝土(泵送) 建筑物混凝土 构造柱 换为【泵送商品混凝土 C25】	10m³	1.2588
2	010503004001	圈梁 1.混凝土强度等级:C25 2.混凝土种类:商品混凝土	m³	4.4427
	4-84 H0433022 0433023	现浇商品混凝土(泵送) 建筑物混凝土 圈梁、过 梁、拱形梁 换为【泵送商品混凝土 C25】	10m³	0.4443
3	010503005001	过梁 1.混凝土强度等级:C25 2.混凝土种类:商品混凝土	m³	0.5646
	4-84 H0433022 0433023	现浇商品混凝土(泵送) 建筑物混凝土 圈梁、过 梁、拱形梁 换为【泵送商品混凝土 C25】	10m³	0.0565

五、总结拓展

变量标高

对于构件属性中的标高处理一般有两种方式:第一种为直接输入标高的数字,如在组合飘窗图 2.113 中就采用了这种方式;另一种属性定义中,QL1 的顶标高为"层底标高+0.1+0.6",这种定义标高模式称为变量标高,其好处在于进行层间复制时标高不容易出错,省去手动调整标高的麻烦。推荐用户使用变量标高。

2.4 三层、四层工程量计算

通过本节的学习,你将能够:
(1)掌握块存盘、块提取功能;
(2)掌握批量选择构件图元的方法;
(3)掌握批量删除的方法;
(4)统计三层、四层各构件图元的工程量。

一、任务说明

完成三层、四层的工程量计算。

二、任务分析

①对比三层、四层与二层的图纸都有哪些不同?
②如何快速对图元进行批量选定、删除工作?
③做法套用有快速方法吗?

三、任务实施

1)分析三层图纸

①分析结施-5,三层ⓒ轴位置的矩形 KZ3 在二层为圆形 KZ2,其他柱和二层柱一样。
②由结施-5、结施-9、结施-13 可知,三层剪力墙、梁、板、后浇带与二层完全相同。
③对比建施-4 与建施-5 发现,三层和二层砌体墙基本相同,三层有一段弧形墙体。
④二层天井的地方在三层为办公室,因此增加几道墙体。

2)绘制三层图元

运用"从其他楼层复制构件图元"的方法复制图元到三层。建议构造柱不要进行复制,用"自动生成构造柱"的方法绘制三层构造柱图元。运用学到的软件功能对三层图元进行修改,保存并汇总计算。

3)三层工程量汇总

汇总计算,统计三层工程量,如表 2.46 所示。

表 2.46　三层清单定额工程量

序　号	项目编码	项目名称及特征	单　位	工程量
1	010402001001	砌块墙 1.墙体厚度:200mm 2.砌块品种、规格、强度等级:蒸压轻质加气混凝土砌块(砂加气,不含粉煤灰) 3.砂浆强度等级、配合比:砂加气混凝土砌块专用粘结砂浆	m³	71.5337
	3-87 H8001021 8001011	蒸压砂加气混凝土砌块 墙厚 200mm 以内 换为【水泥砂浆 M5.0】	10m³	7.1458
2	010402001002	砌块墙 1.墙体厚度:250mm 2.砌块品种、规格、强度等级:蒸压轻质加气混凝土砌块(砂加气,不含粉煤灰) 3.砂浆强度等级、配合比:砂加气混凝土砌块专用粘结砂浆	m³	31.6473
	3-88 H8001021 8001011	蒸压砂加气混凝土砌块 墙厚 300mm 以内 换为【水泥砂浆 M5.0】	10m³	3.1647

续表

序　号	项目编码	项目名称及特征	单　位	工程量
3	010402001003	砌块墙 1.墙体厚度:250mm 2.砌块品种、规格、强度等级:蒸压轻质加气混凝土砌块(砂加气,不含粉煤灰) 3.砂浆强度等级、配合比:砂加气混凝土砌块专用粘结砂浆 4.墙体类型:弧形墙	m³	9.1537
	3-88 R＊1.1,H0415443 0415443 ＊1.03,H0431111 0431111 ＊1.03,H8001021 8001011	蒸压砂加气混凝土砌块 墙厚300mm以内 圆弧形砌筑 材料[0415443]含量×1.03,材料[0431111]含量×1.03,人工×1.1 换为【水泥砂浆 M5.0】	10m³	0.9153
4	010402001004	砌块墙 1.墙体厚度:100mm 2.砌块品种、规格、强度等级:蒸压轻质加气混凝土砌块(砂加气,不含粉煤灰) 3.砂浆强度等级、配合比:砂加气混凝土砌块专用粘结砂浆 4.墙体部位:-1~4 层排风井墙体	m³	2.1215
	3-86 H8001021 8001011	蒸压砂加气混凝土砌块 墙厚150mm以内 换为【水泥砂浆 M5.0】	10m³	0.2111
5	010502001002	矩形柱 1.混凝土强度等级:C25 2.混凝土种类:商品混凝土	m³	35.595
	4-79 H0433022 0433023	现浇商品混凝土(泵送) 建筑物混凝土 矩形柱、异形柱、圆形柱 换为【泵送商品混凝土 C25】	10m³	3.5595
6	010502002001	构造柱 1.混凝土强度等级:C25 2.混凝土种类:商品混凝土	m³	12.8451
	4-80 H0433022 0433023	现浇商品混凝土(泵送) 建筑物混凝土 构造柱 换为【泵送商品混凝土 C25】	10m³	1.2845

续表

序　号	项目编码	项目名称及特征	单　位	工程量
7	010503002002	矩形梁 1. 混凝土强度等级:C25 2. 混凝土种类:商品混凝土	m³	53.684
	4-83 H0433022 0433023	现浇商品混凝土(泵送) 建筑物混凝土 单梁、连续梁、异形梁、弧形梁、吊车梁 换为【泵送商品混凝土C25】	10m³	5.3684
8	010503004001	圈梁 1. 混凝土强度等级:C25 2. 混凝土种类:商品混凝土	m³	5.3308
	4-84 H0433022 0433023	现浇商品混凝土(泵送) 建筑物混凝土 圈梁、过梁、拱形梁 换为【泵送商品混凝土C25】	10m³	0.5331
9	010503005001	过梁 1. 混凝土强度等级:C25 2. 混凝土种类:商品混凝土	m³	0.6906
	4-84 H0433022 0433023	现浇商品混凝土(泵送) 建筑物混凝土 圈梁、过梁、拱形梁 换为【泵送商品混凝土C25】	10m³	0.0691
10	010503006001	弧形梁 1. 混凝土强度等级:C25 2. 混凝土种类:商品混凝土	m³	2.5664
	4-83 H0433022 0433023	现浇商品混凝土(泵送) 建筑物混凝土 单梁、连续梁、异形梁、弧形梁、吊车梁 换为【泵送商品混凝土C25】	10m³	0.2566
11	010504001001	直形墙 电梯井壁 1. 部位:电梯井壁 2. 混凝土强度等级:C30 3. 混凝土种类:商品混凝土	m³	12.4215
	4-89 H0433022 0433024	现浇商品混凝土(泵送) 建筑物混凝土 直形、弧形墙 墙厚10cm以上 换为【泵送商品混凝土C30】	10m³	1.2422
12	010504001005	直形墙 1. 混凝土强度等级:C25 2. 混凝土种类:商品混凝土 3. 墙厚:100mm以上	m³	62.7413
	4-89 H0433022 0433023	现浇商品混凝土(泵送) 建筑物混凝土 直形、弧形墙 墙厚10cm以上 换为【泵送商品混凝土C25】	10m³	6.2741

续表

序号	项目编码	项目名称及特征	单位	工程量
13	010505003002	平板 1.混凝土强度等级:C25 2.混凝土种类:商品混凝土	m³	83.3829
	4-86 H0433022 0433023	现浇商品混凝土(泵送) 建筑物混凝土 板 换为【泵送商品混凝土 C25】	10m³	8.4958
14	010505008002	雨篷、悬挑板、阳台板 1.混凝土强度等级:C25 2.混凝土种类:商品混凝土 3.部位:飘窗	m³	0.3875
	4-97	现浇商品混凝土(泵送) 建筑物混凝土 阳台	10m³	0.0388
15	010508001002	后浇带 1.混凝土强度等级:C35 2.混凝土种类:商品混凝土	m³	2.4722
	4-92	现浇商品混凝土(泵送) 建筑物混凝土 后浇带 梁、板厚20cm以上	10m³	0.2472
16	010801001001	木质门-装饰夹板门 1.部位:M1、M2 2.类型:拼花装饰实心装饰夹板门(带框),含五金	m²	35.7
	13-32	木门框制作安装、成品木门安装 单独木门框制作安装	100m	0.758
	13-16	装饰门扇制作、安装 实心门 装饰夹板门 平面普通	100m²	0.357
17	010801004001	木质防火门 1.成品木质丙级防火检修门,含五金	m²	5.9
	13-32	木门框制作安装、成品木门安装 单独木门框制作安装	100m	0.1495
	13-20	装饰门扇制作、安装 实心门 防火板门 平面	100m²	0.059
18	010802003002	钢质防火门 1.成品钢质乙级防火门,含五金	m²	5.04
	13-56	金属门 钢质防火门	100m²	0.0504

续表

序 号	项目编码	项目名称及特征	单 位	工程量
19	010807001001	金属(塑钢、断桥)窗 1.断桥铝合金 low-e 中空玻璃	樘	48
	13-97	金属窗 铝合金窗制作安装 推拉窗	100m²	1.3608
20	010807007001	金属(塑钢、断桥)飘窗 1.断桥铝合金 low-e 中空玻璃窗	m²	8.1
	13-97	金属窗 铝合金窗制作安装 推拉窗	100m²	0.081
21	011001003001	保温隔热墙面 1.保温隔热材料品种、规格:35mm 厚聚苯颗粒保温砂浆 2.部位:砌体墙	m²	340.8059
	8-1 D35	墙、柱面保温隔热 保温砂浆 聚苯颗粒保温砂浆 25mm 厚 实际厚度(mm):35	100m²	3.3891
22	011001003002	保温隔热墙面 1.保温隔热材料品种、规格:聚苯乙烯泡沫保温板 2.部位:混凝土墙	m²	115.69
	8-8	墙、柱面保温隔热 保温板材 聚苯乙烯泡沫保温板	100m²	1.1525

4)分析四层图纸

（1）结构图纸分析

分析结施-5、结施-9、结施-10、结施-13 与结施-14 可知,四层的框架柱和端柱与三层的图元是相同的;大部分梁的截面尺寸和三层的相同,只是名称发生了变化;板的名称和截面都发生了变化;四层的连梁高度发生了变化,LL1 下的洞口高度为 3.9m-1.3m=2.6m,LL2 下的洞口高度不变为 2.6m;剪力墙的截面没有发生变化。

（2）建筑图纸分析

从建施-5、建施-6 可知,四层和三层的房间数发生了变化。

结合以上分析,建立四层构件图元的方法可以采用前面介绍过的两种层间复制图元的方法。本节介绍另一种快速建立整层图元的方法:块存盘、块提取。

5)一次性建立整层构件图元

（1）块存盘

在黑色绘图区域下方的显示栏选择"第3层"(见图 2.126),单击"楼层",在下拉菜单中可以看到"块存盘""块提取",如图 2.127 所示。单击"块存盘",框选本层,然后单击基准点即①轴与Ⓐ轴的交点(见图 2.128),弹出"另存为"对话框,可以对文件保存的位置进行更改,这里选择保存在桌面上,如图 2.129 所示。

图 2.126

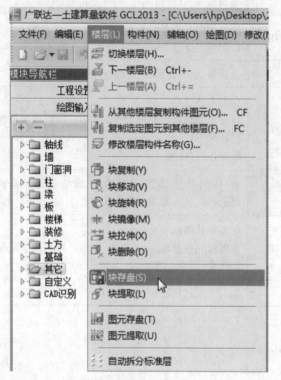

图 2.127

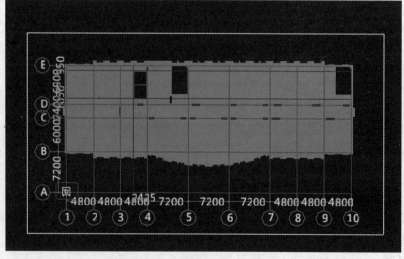

图 2.128

图 2.129

（2）块提取

在显示栏中切换楼层到"第 4 层"，单击"楼层"→"块提取"，弹出"打开"对话框，选择保存在桌面上的块文件（见图 2.130），单击"打开"按钮，屏幕上出现如图 2.131 所示的结果，单击①轴和Ⓐ轴的交点，弹出提示对话框"块提取成功"。

图 2.130

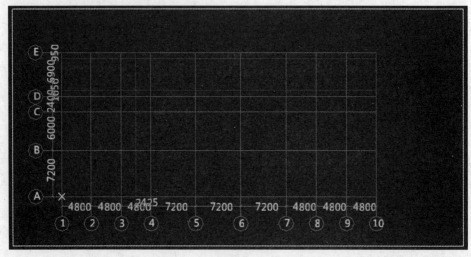

图 2.131

6)四层构件及图元的核对修改

（1）柱、剪力墙构件及图元的核对修改

对柱、剪力墙图元的位置、截面尺寸、混凝土标号进行核对修改。

（2）梁、板构件及图元的核对修改

①利用修改构件名称建立梁构件。选中Ⓔ轴 KL3，在属性编辑框"名称"一栏修改"KL3"为"WKL-3"，如图 2.132 所示。

属性名称	属性值	附加
名称	WKL-3	
类别1	框架梁	☐
类别2		☐
材质	现浇混凝	☐
砼标号	(C30)	☐
砼类型	(现浇砼	☐
截面宽度(	250	☑
截面高度(	500	☑
截面面积(m	0.125	☐
截面周长(m	1.5	☐
起点顶标高	层顶标高	☐
终点顶标高	层顶标高	☐
轴线距梁左	(125)	☐
砖胎膜厚度	0	☐
是否计算单	否	☐
图元形状	直形	☐
是否为人防	否	☐
备注		☐
⊞ 计算属性		
⊞ 显示样式		

图 2.132

②批量选择构件图元(F3 键)。单击模块导航栏中的"板",切换到板构件,按下"F3"键,弹出如图 2.133 所示"批量选择构件图元"对话框,选择所有的板然后单击"确定"按钮,能看到绘图界面的板图元都被选中(见图 2.134),按下"Delete"键,弹出"是否删除选中图元"的确认对话框(见图 2.135),单击"是"按钮。删除板的构件图元以后,单击"构件列表"→"构件名称",可以看到所有的板构件都被选中(见图 2.136),单击右键选择"删除",在弹出的确认对话框中单击"是"按钮,可以看到构件列表为空。

图 2.133

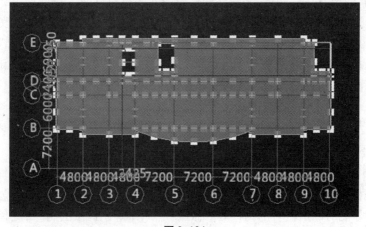

图 2.134

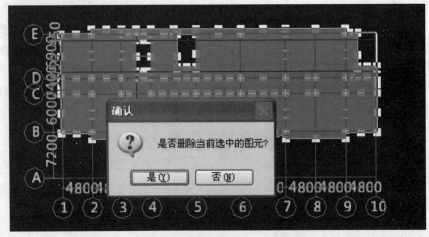

图 2.135

图 2.136

③新建板构件并绘制图元。板构件的属性定义及绘制参见第 2.2.4 节的相关内容。注意 LB1 的标高为 17.4m。

(3)砌块墙、门窗、过梁、圈梁、构造柱构件及图元的核对修改

利用延伸、删除等功能对四层砌块墙体图元进行绘制;利用精确布置、修改构件图元名称绘制门窗洞口构件图元;按"F3"键选择内墙 QL1,删除图元,利用智能布置重新绘制 QL1 图元;按"F3"键选择构造柱,删除构件图元,然后在构件列表中删除其构件;单击"自动生成构造柱"快速生成图元,检查复核构造柱的位置是否按照图纸要求进行设置。

(4)后浇带、建筑面积构件及图元核对修改

对比图纸,查看后浇带的宽度、位置是否正确。四层后浇带和三层无异,无须修改;建筑面积三层和四层无差别,无须修改。

7)做法刷套用做法

单击"框架柱构件",双击进入套取做法界面,可以看到通过"块提取"建立的构件中没有做法,那么怎样才能对四层所有的构件套取做法呢? 下面利用"做法刷"功能套取做法。

切换到"第 3 层"(见图 2.137),在构件列表中双击 KZ1,进入套取做法界面,单击"做法刷",勾选第 4 层的所有框架柱(见图 2.138),单击"确定"按钮即可。

图 2.137

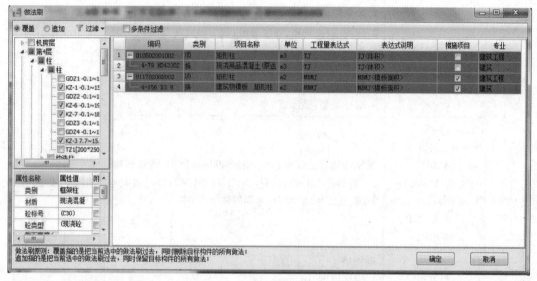

图 2.138

四、任务结果

汇总计算,统计四层工程量,如表 2.47 所示。

表 2.47　四层清单定额工程量

序　号	项目编码	项目名称及特征	单　位	工程量
1	010402001001	砌块墙 1. 墙体厚度:200mm 2. 砌块品种、规格、强度等级:蒸压轻质加气混凝土砌块(砂加气,不含粉煤灰) 3. 砂浆强度等级、配合比:砂加气混凝土砌块专用粘结砂浆	m³	86.6166
	3-87 H8001021 8001011	蒸压砂加气混凝土砌块 墙厚 200mm 以内 换为【水泥砂浆 M5.0】	10m³	8.6541

续表

序　号	项目编码	项目名称及特征	单　位	工程量
2	010402001002	砌块墙 1.墙体厚度:250mm 2.砌块品种、规格、强度等级:蒸压轻质加气混凝土砌块(砂加气,不含粉煤灰) 3.砂浆强度等级、配合比:砂加气混凝土砌块专用粘结砂浆	m³	31.804
	3-88 H8001021 8001011	蒸压砂加气混凝土砌块 墙厚300mm 以内 换为【水泥砂浆 M5.0】	10m³	3.1804
3	010402001003	砌块墙 1.墙体厚度:250mm 2.砌块品种、规格、强度等级:蒸压轻质加气混凝土砌块(砂加气,不含粉煤灰) 3.砂浆强度等级、配合比:砂加气混凝土砌块专用粘结砂浆 4.墙体类型:弧形墙	m³	9.0762
	3-88 R＊1.1,H0415443 0415443 ＊1.03,H0431111 0431111 ＊1.03,H8001021 8001011	蒸压砂加气混凝土砌块 墙厚300mm 以内 圆弧形砌筑 材料[0415443]含量×1.03,材料[0431111]含量×1.03,人工×1.1 换为【水泥砂浆 M5.0】	10m³	0.9076
4	010402001004	砌块墙 1.墙体厚度:100mm 2.砌块品种、规格、强度等级:蒸压轻质加气混凝土砌块(砂加气,不含粉煤灰) 3.砂浆强度等级、配合比:砂加气混凝土砌块专用粘结砂浆 4.墙体部位:-1~4层排风井墙体	m³	1.9697
	3-86 H8001021 8001011	蒸压砂加气混凝土砌块 墙厚150mm 以内 换为【水泥砂浆 M5.0】	10m³	0.1969
5	010502001002	矩形柱 1.混凝土强度等级:C25 2.混凝土种类:商品混凝土	m³	35.4
	4-79 H0433022 0433023	现浇商品混凝土(泵送) 建筑物混凝土 矩形柱、异形柱、圆形柱 换为【泵送商品混凝土 C25】	10m³	3.54

续表

序　号	项目编码	项目名称及特征	单　位	工程量
6	010502002001	构造柱 1.混凝土强度等级:C25 2.混凝土种类:商品混凝土	m³	13.9586
	4-80 H0433022 0433023	现浇商品混凝土(泵送) 建筑物混凝土 构造柱 换为【泵送商品混凝土 C25】	10m³	1.3959
7	010503002002	矩形梁 1.混凝土强度等级:C25 2.混凝土种类:商品混凝土	m³	51.7547
	4-83 H0433022 0433023	现浇商品混凝土(泵送) 建筑物混凝土 单梁、连续梁、异形梁、弧形梁、吊车梁 换为【泵送商品混凝土 C25】	10m³	5.1755
8	010503004001	圈梁 1.混凝土强度等级:C25 2.混凝土种类:商品混凝土	m³	5.6082
	4-84 H0433022 0433023	现浇商品混凝土(泵送) 建筑物混凝土 圈梁、过梁、拱形梁 换为【泵送商品混凝土 C25】	10m³	0.5608
9	010503005001	过梁 1.混凝土强度等级:C25 2.混凝土种类:商品混凝土	m³	0.741
	4-84 H0433022 0433023	现浇商品混凝土(泵送) 建筑物混凝土 圈梁、过梁、拱形梁 换为【泵送商品混凝土 C25】	10m³	0.0741
10	010503006001	弧形梁 1.混凝土强度等级:C25 2.混凝土种类:商品混凝土	m³	2.5664
	4-83 H0433022 0433023	现浇商品混凝土(泵送) 建筑物混凝土 单梁、连续梁、异形梁、弧形梁、吊车梁 换为【泵送商品混凝土 C25】	10m³	0.2566
11	010504001001	直形墙 电梯井壁 1.部位:电梯井壁 2.混凝土强度等级:C30 3.混凝土种类:商品混凝土	m³	12.4215
	4-89 H0433022 0433024	现浇商品混凝土(泵送) 建筑物混凝土 直形、弧形墙 墙厚10cm以上 换为【泵送商品混凝土 C30】	10m³	1.2422

续表

序　号	项目编码	项目名称及特征	单　位	工程量
12	010504001005	直形墙 1. 混凝土强度等级:C25 2. 混凝土种类:商品混凝土 3. 墙厚:100mm 以上	m³	62. 7638
	4-89 H0433022 0433023	现浇商品混凝土(泵送) 建筑物混凝土 直形、弧形墙 墙厚 10cm 以上 换为【泵送商品混凝土 C25】	10m³	6. 2764
13	010505003002	平板 1. 混凝土强度等级:C25 2. 混凝土种类:商品混凝土	m³	85. 5464
	4-86 H0433022 0433023	现浇商品混凝土(泵送) 建筑物混凝土 板 换为【泵送商品混凝土 C25】	10m³	8. 7219
14	010505008002	雨篷、悬挑板、阳台板 1. 混凝土强度等级:C25 2. 混凝土种类:商品混凝土 3. 部位:飘窗	m³	0. 3875
	4-97	现浇商品混凝土(泵送) 建筑物混凝土 阳台	10m³	0. 0388
15	010508001002	后浇带 1. 混凝土强度等级:C35 2. 混凝土种类:商品混凝土	m³	2. 4722
	4-92	现浇商品混凝土(泵送) 建筑物混凝土 后浇带 梁、板厚 20cm 以上	10m³	0. 2472
16	010801001001	木质门-装饰夹板门 1. 部位:M1、M2 2. 类型:拼花装饰实心装饰夹板门(带框),含五金	m²	38. 85
	13-32	木门框制作安装、成品木门安装 单独木门框制作安装	100m	0. 815
	13-16	装饰门扇制作、安装 实心门 装饰夹板门 平面 普通	100m²	0. 3885
17	010801004001	木质防火门 1. 成品木质丙级防火检修门,含五金	m²	5. 9
	13-32	木门框制作安装、成品木门安装 单独木门框制作安装	100m	0. 1495
	13-20	装饰门扇制作、安装 实心门 防火板门 平面	100m²	0. 059

续表

序　号	项目编码	项目名称及特征	单　位	工程量
18	010802003002	钢质防火门 1.成品钢质乙级防火门,含五金	m²	5.04
	13-56	金属门 钢质防火门	100m²	0.0504
19	010807001001	金属(塑钢、断桥)窗 1.断桥铝合金 low-e 中空玻璃	樘	48
	13-97	金属窗 铝合金窗制作安装 推拉窗	100m²	1.3608
20	010807007001	金属(塑钢、断桥)飘窗 1.断桥铝合金 low-e 中空玻璃窗	m²	8.1
	13-97	金属窗 铝合金窗制作安装 推拉窗	100m²	0.081
21	011001003001	保温隔热墙面 1.保温隔热材料品种、规格:35mm 厚聚苯颗粒保温砂浆 2.部位:砌体墙	m²	340.8059
	8-1 D35	墙、柱面保温隔热 保温砂浆 聚苯颗粒保温砂浆 25mm 厚 实际厚度(mm):35	100m²	3.3891
22	011001003002	保温隔热墙面 1.保温隔热材料品种、规格:聚苯乙烯泡沫保温板 2.部位:混凝土墙	m²	115.69
	8-8	墙、柱面保温隔热 保温板材 聚苯乙烯泡沫保温板	100m²	1.152

五、总结拓展

(1)删除不存在图元的构件

单击梁构件列表的"过滤",选择"当前楼层未使用的构件",单击如图 2.139 所示的位置,一次性选择所有构件,单击右键选择"删除"即可。

图 2.139

（2）查看工程量的方法

下面简单介绍几种在绘图界面查看工程量的方式。

①单击"查看工程量"，选中要查看的构件图元，弹出"查看构件图元工程量"对话框，可以查看做法工程量、清单工程量、定额工程量，如图 2.140、图 2.141 所示。

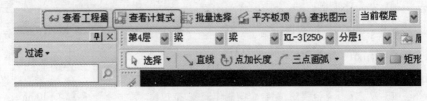

图 2.140

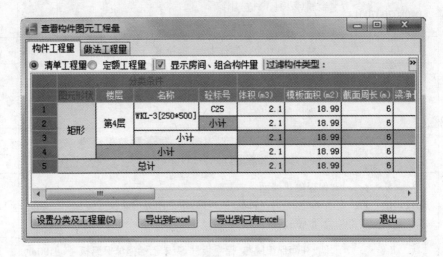

图 2.141

②按"F3"键批量选择构件图元，然后单击"查看工程量"，可以查看做法工程量、清单工程量、定额工程量。

③单击"查看计算式"，选择单一图元，弹出"查看构件图元工程量计算式"，可以查看此图元的详细计算式，还可以利用"查看三维扣减图"查看详细工程量计算式。

思考与练习

分析可不可以块复制建立三层图元？

2.5　机房及屋面工程量计算

通过本节学习，你将能够：

（1）掌握三点定义斜板的画法；

（2）掌握屋面的定义与做法套用；

（3）绘制屋面图元；

（4）统计机房及屋面的工程量。

一、任务说明

①完成机房及屋面工程的构件定义、做法套用及图元绘制。

②汇总计算，统计机房及屋面的工程量。

二、任务分析

①机房层及屋面各都有什么构件？机房中的墙、柱尺寸在什么图中可以找到？

②此层屋面与二层屋面的做法有什么不同？

③斜板、斜墙如何定义绘制？

三、任务实施

1）分析图纸

①分析建施-8 可知，机房的屋面是由平屋面+坡屋面组成，以④轴为分界线。

②坡屋面是结构找坡，本工程为结构板找坡，斜板下的梁、墙、柱的起点顶标高和终点顶标高不再是同一标高。

2）板的属性定义

结施-14 中 WB2、YXB3、YXB4 的厚度都是 150mm，在画板图元时可以统一按照 WB2 去绘制，方便绘制斜板图元。屋面板的属性定义操作同板，其属性定义如图 2.142 所示。

属性名称	属性值	附加
名称	WB-2	
类别	有梁板	□
砼标号	(C30)	□
砼类型	(现浇砼)	□
厚度(mm)	150	□
顶标高(m)	层顶标高	□
坡度(°)		□
是否是楼板	是	□
是否是空心	否	□
备注		□
⊞ 计算属性		
⊞ 显示样式		

图 2.142

3）做法套用

①坡屋面的做法套用，如图 2.143 所示。

	编码	类别	项目名称	项目特征	单位	工程量表达式	表达式说明	措施项目	专业
1	010902001002	项	屋面卷材防水 屋面2 坡屋面	1、20厚1：2水泥砂浆保护层 2、3厚纸筋灰隔离层 3、3厚高聚物改性沥青防水卷材 4、20厚水泥砂浆找平	m2	MJ	MJ〈面积〉	☐	建筑工程
2	7-5	定	刚性屋面 水泥砂浆保护层		m2	MJ	MJ〈面积〉	☐	建筑
3	7-7	定	刚性屋面 隔离层 纸筋灰		m2	MJ	MJ〈面积〉	☐	建筑
4	7-57	定	柔性防水 卷材防水 热熔法防水卷材 改性沥青 平面	m2	FSMJ+JBCD*0.5	FSMJ〈防水面积〉+JBCD〈卷边长度〉*0.5	☐	建筑
5	10-1	定	整体面层 水泥砂浆找平层 20厚		m2	MJ	MJ〈面积〉	☐	建筑
6	011001001001	项	保温隔热屋面	1.保温隔热材料品种、规格：50厚挤塑聚苯乙烯保温板	m2	MJ	MJ〈面积〉	☐	建筑工程
7	8-34	定	屋面保温隔热 保温板材 聚苯乙烯泡沫保温板		m2	MJ	MJ〈面积〉	☑	建筑

图 2.143

②上人屋面的做法套用，如图 2.144 所示。

	编码	类别	项目名称	项目特征	单位	工程量表达式	表达式说明	措施项目	专业
1	010902001001	项	屋面卷材防水 屋面1 上人屋面	1、8-10厚防滑地砖，建筑胶水泥砂浆粘贴 2、3厚纸筋灰隔离层 3、3厚高聚物改性沥青防水卷材 4、20厚1：3水泥砂浆找平 5、最薄处30厚碎石砂浆找坡2%	m2	MJ	MJ〈面积〉	☐	建筑工程
2	10-25	定	块料楼地面及其他 缸砖楼地面 不勾缝		m2	MJ	MJ〈面积〉	☐	建筑
3	7-7	定	刚性屋面 隔离层 纸筋灰		m2	MJ	MJ〈面积〉	☐	建筑
4	7-57	定	柔性防水 卷材防水 热熔法防水卷材 改性沥青 平面	m2	FSMJ+JBCD*0.5	FSMJ〈防水面积〉+JBCD〈卷边长度〉*0.5	☐	建筑
5	7-6	定	刚性屋面 砾石保护层		m2	MJ	MJ〈面积〉	☐	建筑
6	10-1	定	整体面层 水泥砂浆找平层 20厚		m2	MJ	MJ〈面积〉	☐	建筑
7	011001001001	项	保温隔热屋面	1.保温隔热材料品种、规格：50厚挤塑聚苯乙烯保温板	m2	MJ	MJ〈面积〉	☐	建筑工程
8	8-34	定	屋面保温隔热 保温板材 聚苯乙烯泡沫保温板		m2	MJ	MJ〈面积〉	☐	建筑

图 2.144

4)画法讲解

(1)三点定义斜板

单击"三点定义斜板"，选择 WB2，可以看到选中的板边缘变成淡蓝色，如图 2.145 所示。在有数字的地方按照图纸的设计输入标高(见图 2.146)，输入标高后一定要按"Enter"键保存输入的数据。输入标高后，可以看到板上有一个箭头表示斜板已经绘制完成，箭头指向标高低的方向，如图 2.147 所示。

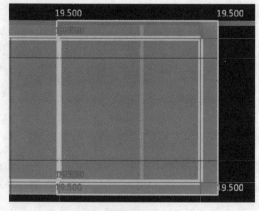

图 2.145

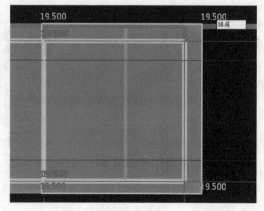

图 2.146

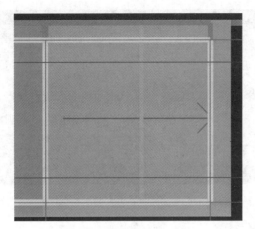

图 2.147

（2）平齐板顶

单击右键选择"平齐板顶"（见图 2.148），选择梁、墙、柱图元（见图 2.149），弹出确认对话框询问"是否同时调整手动修改顶标高后的柱、墙、梁顶标高"（见图 2.150），单击"是"按钮，然后利用"三维"查看斜板的效果，如图 2.151 所示。

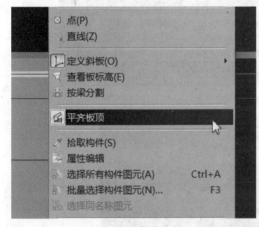

图 2.148

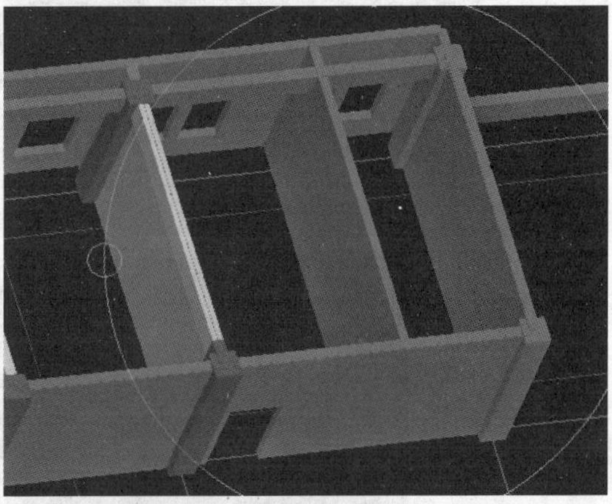

图 2.149

图 2.150

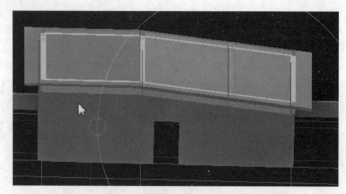

图 2.151

（3）智能布置屋面图元

建立好屋面构件，单击"智能布置"→"外墙内边线"（见图 2.152 和图 2.153），智能布置后的图元如图 2.154 所示。单击"定义屋面卷边"，设置屋面卷边高度。单击"智能布置"→"现浇板"，选择机房屋面板，单击右键确定。单击"三维"按钮查看布置后的屋面，如图 2.155 所示。

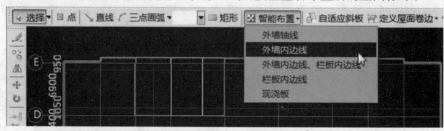

图 2.152

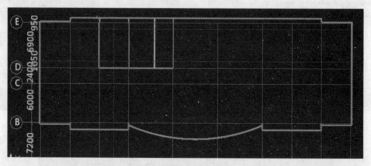

图 2.153

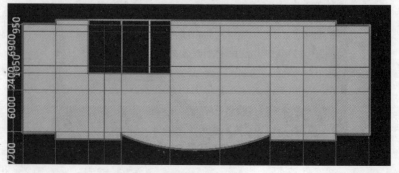

图 2.154

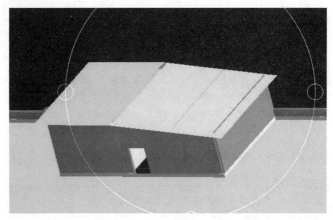

图 2.155

（4）绘制建筑面积图元

矩形绘制机房层建筑面积，绘制建筑面积图元后对比图纸，可以看到机房层的建筑面积并不是一个规则的矩形，单击"分割"→"矩形"，如图 2.156 所示。

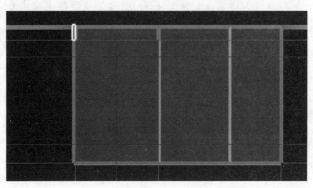

图 2.156

四、任务结果

汇总计算，统计机房及屋面工程量，如表 2.48 所示。

表 2.48　机房及屋面清单定额工程量

序　号	项目编码	项目名称及特征	单　位	工程量
1	010401003001	实心砖墙 1.砖品种、规格、强度等级:MU 10 级混凝土实心砖 2.部位:女儿墙 3.墙体厚度:250mm 4.砂浆强度等级、配合比:M5 混合砂浆	m³	16.5869
	3-20 H8005021 8005011	混凝土实心砖　墙厚 1 砖墙　换为【混合砂浆M5.0】	10m³	1.6587

续表

序　号	项目编码	项目名称及特征	单　位	工程量
2	010401003002	实心砖墙　弧形 1. 砖品种、规格、强度等级:MU 10 级混凝土实心砖 2. 部位:女儿墙 3. 墙体厚度:250mm 4. 砂浆强度等级、配合比:M5 混合砂浆 5. 墙体类型:弧形墙	m³	3. 733
	3-20	混凝土实心砖　墙厚 1 砖墙	10m³	0. 3733
3	010402001001	砌块墙 1. 墙体厚度:200mm 2. 砌块品种、规格、强度等级:蒸压轻质加气混凝土砌块(砂加气,不含粉煤灰) 3. 砂浆强度等级、配合比:砂加气混凝土砌块专用粘结砂浆	m³	16. 881
	3-87 H8001021 8001011	蒸压砂加气混凝土砌块　墙厚 200mm 以内　换为【水泥砂浆　M5.0】	10m³	1. 6856
4	010402001002	砌块墙 1. 墙体厚度:250mm 2. 砌块品种、规格、强度等级:蒸压轻质加气混凝土砌块(砂加气,不含粉煤灰) 3. 砂浆强度等级、配合比:砂加气混凝土砌块专用粘结砂浆	m³	6. 0557
	3-88 H8001021 8001011	蒸压砂加气混凝土砌块　墙厚 300mm 以内　换为【水泥砂浆　M5.0】	10m³	0. 6056
5	010402001005	砌块墙 1. 墙体厚度:120mm 2. 砌块品种、规格、强度等级:蒸压轻质加气混凝土砌块(砂加气,不含粉煤灰) 3. 砂浆强度等级、配合比:砂加气混凝土砌块专用粘结砂浆 4. 墙体部位:排风井出屋面墙体	m³	0. 5921
	3-86 H8001021 8001011	蒸压砂加气混凝土砌块　墙厚 150mm 以内　换为【水泥砂浆　M5.0】	10m³	0. 0592

序　号	项目编码	项目名称及特征	单　位	工程量
6	010502001002	矩形柱 1. 混凝土强度等级:C25 2. 混凝土种类:商品混凝土	m³	7.996
	4-79 H0433022 0433023	现浇商品混凝土(泵送) 建筑物混凝土 矩形柱、异形柱、圆形柱 换为【泵送商品混凝土 C25】	10m³	0.7996
7	010502002001	构造柱 1. 混凝土强度等级:C25 2. 混凝土种类:商品混凝土	m³	4.433
	4-80 H0433022 0433023	现浇商品混凝土(泵送) 建筑物混凝土 构造柱 换为【泵送商品混凝土 C25】	10m³	0.4433
8	010503002002	矩形梁 1. 混凝土强度等级:C25 2. 混凝土种类:商品混凝土	m³	6.2598
	4-83 H0433022 0433023	现浇商品混凝土(泵送) 建筑物混凝土 单梁、连续梁、异形梁、弧形梁、吊车梁 换为【泵送商品混凝土 C25】	10m³	0.626
9	010503004001	圈梁 1. 混凝土强度等级:C25 2. 混凝土种类:商品混凝土	m³	1.1277
	4-84 H0433022 0433023	现浇商品混凝土(泵送) 建筑物混凝土 圈梁、过梁、拱形梁 换为【泵送商品混凝土 C25】	10m³	0.1128
10	010503005001	过梁 1. 混凝土强度等级:C25 2. 混凝土种类:商品混凝土	m³	0.4584
	4-84 H0433022 0433023	现浇商品混凝土(泵送) 建筑物混凝土 圈梁、过梁、拱形梁 换为【泵送商品混凝土 C25】	10m³	0.0458
11	010504001001	直形墙 电梯井壁 1. 部位:电梯井壁 2. 混凝土强度等级:C30 3. 混凝土种类:商品混凝土	m³	6.897
	4-89 H0433022 0433024	现浇商品混凝土(泵送) 建筑物混凝土 直形、弧形墙 墙厚10cm以上 换为【泵送商品混凝土 C30】	10m³	0.6897

续表

序 号	项目编码	项目名称及特征	单 位	工程量
12	010505003002	平板 1.混凝土强度等级:C25 2.混凝土种类:商品混凝土	m³	17.3584
	4-86 H0433022 0433023	现浇商品混凝土(泵送) 建筑物混凝土 板 换为【泵送商品混凝土 C25】	10m³	1.7757
13	010507005001	扶手 压顶 1.混凝土强度等级:C25 2.混凝土种类:商品混凝土 3.部位:女儿墙压顶	m³	7.5359
	4-100 H0433003 0433023	现浇商品混凝土(泵送) 建筑物混凝土 小型构件 换为【泵送商品混凝土 C25】	10m³	0.7536
14	010802003002	钢质防火门 1.成品钢质乙级防火门,含五金	m²	5.04
	13-56	金属门 钢质防火门	100m²	0.0504
15	010807001001	金属(塑钢、断桥)窗 1.断桥铝合金 low-e 中空玻璃	樘	6
	13-97	金属窗 铝合金窗制作安装 推拉窗	100m²	0.108
16	010902001001	屋面卷材防水 屋面1上人屋面 1.8~10mm 厚防滑地砖,建筑胶砂浆粘贴 2.3mm 厚纸筋灰隔离层 3.3mm 厚高聚物改性沥青防水卷材 4.20mm 厚1:3 水泥砂浆找平 5.最薄处30mm 厚砾石砂浆找坡2%	m²	753.546
	10-25	块料楼地面及其他 缸砖楼地面 不勾缝	100m²	7.5355
	7-7	刚性屋面 隔离层 纸筋灰	100m²	7.5355
	7-57	柔性防水 卷材防水 热熔法防水卷材 改性沥青平面	100m²	8.6799
	7-6	刚性屋面 砾石保护层	100m²	7.5355
	10-1	整体面层 水泥砂浆找平层20mm 厚	100m²	7.5355

续表

序 号	项目编码	项目名称及特征	单 位	工程量
17	010902001002	屋面卷材防水 屋面2坡屋面 1.20mm 厚1:2 水泥砂浆保护层 2.3mm 厚纸筋灰隔离层 3.3mm 厚高聚物改性沥青防水卷材 4.20mm 厚水泥砂浆找平层	m²	69.7621
	7-5	刚性屋面 水泥砂浆保护层	100m²	0.6976
	7-7	刚性屋面 隔离层 纸筋灰	100m²	0.6976
	7-57	柔性防水 卷材防水 热熔法防水卷材 改性沥青平面	100m²	0.6976
	10-1	整体面层 水泥砂浆找平层20mm 厚	100m²	0.6976
18	010902001003	屋面卷材防水 屋面3 不上人屋面 1.20mm 厚1:2.5 水泥砂浆保护层 2.50mm 厚C30 细石混凝土(内配φ6@200 双向钢筋网) 3.3mm 厚BAC 双面自粘防水卷材 4.1.5mm 厚聚氨酯涂膜防水层 5.20mm 厚1:3 水泥砂浆找平层	m²	48.59
	7-5	刚性屋面 水泥砂浆保护层	100m²	0.4859
	7-1 D5	刚性屋面 细石混凝土防水层 厚4cm 实际厚度(cm):5	100m²	0.4859
	7-63	柔性防水 卷材防水 湿铺法防水卷材 自粘卷材平面	100m²	0.4859
	10-1	整体面层 水泥砂浆找平层20mm 厚	100m²	0.4859
	7-79	柔性防水 涂膜防水 溶剂型防水涂料 聚氨酯 厚1.5mm 平面	100m²	0.4859
19	010902002001	屋面涂膜防水 1.位置:烟道盖板 2.1.5mm 厚聚氨酯涂膜防水层	m²	6.6144
	7-80	柔性防水 涂膜防水 溶剂型防水涂料 聚氨酯 厚1.5mm 立面	100m²	0.0661
	11-2	墙面抹灰 一般抹灰 水泥砂浆(14+6)mm	100m²	0.0661
20	010902002001	屋面涂膜防水 1.位置:烟道盖板 2.1.5mm 厚聚氨酯涂膜防水层	m²	3.1188
	7-79	柔性防水 涂膜防水 溶剂型防水涂料 聚氨酯 厚1.5mm 平面	100m²	0.0312

续表

序　号	项目编码	项目名称及特征	单　位	工程量
21	011001001001	保温隔热屋面 1. 保温隔热材料品种、规格:50mm 厚挤塑聚苯乙烯保温板	m²	875.0169
	8-34	屋面保温隔热　保温板材　聚苯乙烯泡沫保温板	100m²	8.7502
22	011001003001	保温隔热墙面 1. 保温隔热材料品种、规格:35mm 厚聚苯颗粒保温砂浆 2. 部位:砌体墙	m²	255.5653
	8-1 D35	墙、柱面保温隔热　保温砂浆　聚苯颗粒保温砂浆 25 厚　实际厚度(mm):35	100m²	2.3784

五、总结拓展

线性构件起点顶标高与终点定标高不一样时,如图 2.151 所示的梁就是这种情况。如果这样的梁不在斜板下,就不能应用"平齐板顶",需要对梁的起点顶标高和终点顶标高进行编辑,以达到图纸上的设计要求。

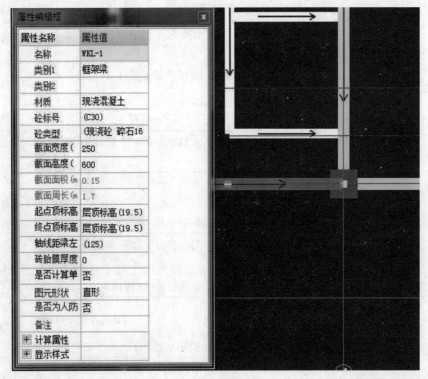

图 2.157

　　按键盘上的"～"键,显示构件的图元方向。选中梁,单击"属性"(见图2.157),注意梁的起点顶标和终点顶标高都是顶板顶标高。假设梁的起点顶标高为18.6m,对这道梁构件的属性进行编辑(见图2.158),单击"三维"查看三维效果,如图2.159所示。

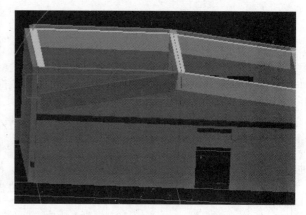

属性名称	属性值
名称	WKL-1 250*650
类别1	框架梁
类别2	
材质	现浇混凝土
砼标号	(C30)
砼类型	(现浇砼 碎石16mm)
截面宽度(	250
截面高度(	650
截面面积(m	0.162
截面周长(m	1.8
起点顶标高	顶板顶标高(19.5)
终点顶标高	顶板顶标高(18.60
轴线距梁左	(125)
砖胎膜厚度	0
是否计算单	否
图元形状	直形
是否为人防	否
备注	
⊞ 计算属性	
⊞ 显示样式	

图 2.158　　　　　　　　　　　　　　　　图 2.159

2.6　地下一层工程量计算

通过本节的学习,你将能够:

(1)分析地下一层要计算哪些构件;

(2)分析各构件需要计算哪些工程量;

(3)理解地下一层构件与其他层构件定义与绘制的区别;

(4)计算并统计地下一层工程量。

2.6.1　地下一层柱的工程量计算

通过本小节的学习,你将能够:

(1)分析本层归类到剪力墙的构件;

（2）掌握异形柱的属性定义及做法套用功能；

（3）绘制异形柱图元；

（4）统计本层柱的工程量。

一、任务说明

①完成地下一层柱的构件定义、做法套用及图元绘制。

②汇总计算，统计地下一层柱的工程量。

二、任务分析

①地下一层都有哪些需要计算工程量的构件？

②地下一层中有哪些柱构件不需要绘制？

三、任务实施

1）分析图纸

分析结施-4 及结施-6，可以从柱表中得到柱的截面信息，本层包括矩形框架柱、圆形框架柱及异形端柱。

③与④轴间以及⑦轴上的 GJZ1、GJZ2、GYZ1、GYZ2、GYZ3、GAZ1，这些柱构件包含在剪力墙里面，图形算量时属于剪力墙内部构件，归到剪力墙里面，在绘图时不需要单独绘制，所以地下一层需要绘制的柱的主要信息如表 2.49 所示。

表 2.49　地下一层柱信息表

序　号	类　型	名　称	混凝土标号	截面尺寸(mm)	标　高	备　注
1	矩形框架柱	KZ1	C30	600×600	−4.400 ~ −0.100	
		KZ3	C30	600×600	−4.400 ~ −0.100	
2	圆形框架柱	KZ2	C30	$D=850$	−4.400 ~ −0.100	
3	异形端柱	GDZ1	C30	详见结施-14 柱截面尺寸	−4.400 ~ −0.100	
		GDZ2	C30		−4.400 ~ −0.100	
		GDZ3	C30		−4.400 ~ −0.100	
		GDZ4	C30		−4.400 ~ −0.100	
		GDZ5	C30		−4.400 ~ −0.100	
		GDZ6	C30		−4.400 ~ −0.100	

2）属性定义

本层 GDZ3、GDZ5、GDZ6 的属性定义，在参数化端柱里面找不到类似的参数图，此时需要考虑用另一种方法定义。新建柱中除了可建立矩形、圆形、参数化柱外,还可以建立异形柱,因此 GDZ3、GDZ5、GDZ6 柱需要在异形柱里面建立。

①首先根据柱的尺寸需要定义网格,单击"新建异形柱",在弹出的窗口中输入想要的网格尺寸,单击"确定"按钮即可,如图 2.160 所示。

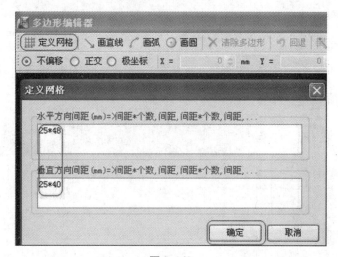

图 2.160

②用画直线或画弧线的方式绘制想要的参数图,以 GDZ3 为例,如图 2.161 所示。

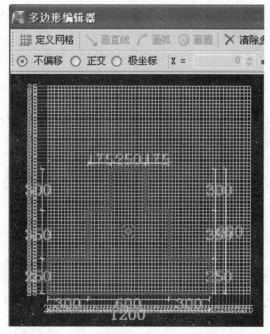

图 2.161

3)做法套用

地下一层柱的做法,可以将一层柱的做法利用"做法刷"功能复制过来,步骤如下:

①将 GDZ1 按照图 2.162 所示套用好做法,选择"GDZ1"→单击"定义"→选择"GDZ1 的做法"→单击"做法刷"。

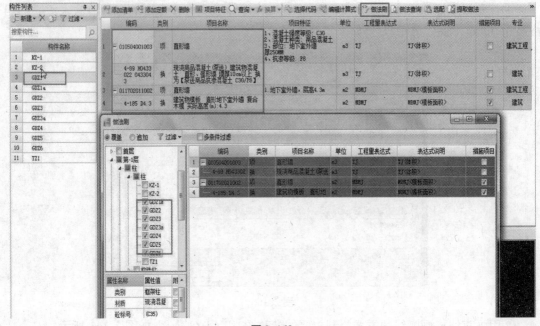

图 2.162

②弹出"做法刷"对话框,选择"-1 层"→选择"柱"→选择与首层 GDZ1 做法相同的柱,单击"确定"按钮即可将本层与首层 GDZ1 做法相同的柱定义好做法。

③可使用上述相同方法将 KZ1、KZ2、KZ3 套用做法。

四、任务结果

①用上面建立异形柱的方法重新定义本层的异形柱,并绘制本层柱图元。

②汇总计算,统计地下一层柱的工程量,如表 2.50 所示。

表 2.50　地下一层柱清单定额工程量

序　号	项目编码	项目名称及特征	单　位	工程量
1	010502001001	矩形柱 1. 混凝土强度等级:C30 2. 混凝土种类:商品混凝土	m³	15.636
	4-79 H0433022 0433024	现浇商品混凝土(泵送) 建筑物混凝土 矩形柱、异形柱、圆形柱 换为【泵送商品混凝土 C30】	10m³	1.5636
2	010502001002	矩形柱 1. 混凝土强度等级:C25 2. 混凝土种类:商品混凝土	m³	0.215
	4-79 H0433022 0433023	现浇商品混凝土(泵送) 建筑物混凝土 矩形柱、异形柱、圆形柱 换为【泵送商品混凝土 C25】	10m³	0.0215

续表

序　号	项目编码	项目名称及特征	单　位	工程量
3	010502003001	异形柱　圆柱 1. 混凝土强度等级:C30 2. 混凝土种类:商品混凝土	m³	4.1128
	4-79 H0433022 0433024	现浇商品混凝土(泵送)　建筑物混凝土　矩形柱、异形柱、圆形柱　换为【泵送商品混凝土 C30】	10m³	0.4113
4	010504001003	直形墙 1. 混凝土强度等级:C30 2. 混凝土种类:商品混凝土 3. 部位:地下室外墙 4. 抗渗等级:P8	m³	0
	4-89 H0433022 0433043	现浇商品混凝土(泵送)　建筑物混凝土　直形、弧形墙　墙厚 10cm 以上　换为【泵送商品抗渗混凝土 C30/P8】	10m³	0
5	010504001004	直形墙 1. 混凝土强度等级:C30 2. 混凝土种类:商品混凝土 3. 墙厚:100mm 以上	m³	0
	4-89 H0433022 0433024	现浇商品混凝土(泵送)　建筑物混凝土　直形、弧形墙　墙厚 10cm 以上　换为【泵送商品混凝土 C30】	10m³	0

五、总结拓展

①在新建异形柱时,绘制异形图有一个原则:不管是直线还是弧线,需要一次围成封闭区域,围成封闭区域以后不能在这个网格上再绘制任何图形。

②本层 GDZ5 在异形柱里是不能精确定义的,很多人在绘制这个图时会产生错觉,认为绘制直线再绘制弧线就行了。其实不是,图纸给的尺寸是矩形部分边线到圆形部分的切线距离为 300mm,并非到与弧线的交点部分为 300mm。如果要精确绘制,必须先手算出这个距离,然后定义网格才能绘制。

③前面已经讲述这些柱是归到墙里面计算的,我们要的是准确的量,所以可以变通一下,定义一个圆形柱即可。

2.6.2　地下一层剪力墙的工程量计算

通过本小节的学习,你将能够:

(1)分析本层归类到剪力墙的构件;

（2）熟练运用构件的层间复制与做法刷功能；

（3）绘制剪力墙图元；

（4）统计地下一层剪力墙的工程量。

一、任务说明

①完成地下一层剪力墙的构件定义、做法套用及图元绘制。

②汇总计算，统计地下一层剪力墙的工程量。

二、任务分析

①地下一层剪力墙的构件与首层有什么不同？

②地下一层中有哪些剪力墙构件不需要绘制？

三、任务实施

1）分析图纸

（1）分析剪力墙

分析图纸结施-4，可以得到如表 2.51 所示的剪力墙信息。

表 2.51　地下一层剪力墙表

序　号	类　型	名　称	混凝土标号	墙厚（mm）	标　高	备　注
1	外墙	WQ1	C30	250	-4.4 ~ -0.1	
2	内墙	Q1	C30	250	-4.4 ~ -0.1	
3	内墙	Q2	C30	200	-4.4 ~ -0.1	

（2）分析连梁

连梁是剪力墙的一部分。

①结施-4 中，①轴和⑩轴的剪力墙上有 LL4，尺寸为 250mm×1200mm，梁顶标高为 -3.0mm；在剪力墙里面连梁是归到墙里面的，所以不用绘制 LL4，直接绘制外墙 WQ1 即可。

②结施-4 中，④轴和⑦轴的剪力墙上有 LL1、LL2、LL3，连梁下方有门和墙洞，在绘制墙时可以直接通长绘制墙，不用绘制 LL1、LL2、LL3，到绘制门窗时将门和墙洞绘制上即可。

（3）分析暗梁、暗柱

暗梁、暗柱是剪力墙的一部分，结施-4 中的暗梁布置图就不再进行绘制，类似 GAZ1 这种和墙厚一样的暗柱，此位置的剪力墙通长绘制，GAZ1 不再进行绘制。类似外墙上 GDZ1 这种暗柱，把其定义为异形柱并进行绘制，在做法套用时按照剪力墙的做法套用清单、定额。

2）属性定义

①本层剪力墙的定义与首层相同，参照首层剪力墙的属性定义。

②本层剪力墙也可不重新定义，而是将首层剪力墙构件复制过来，具体操作步骤如下：

a. 切换到绘图界面，单击"构件"→"从其他楼层复制构件"，如图 2.163 所示。

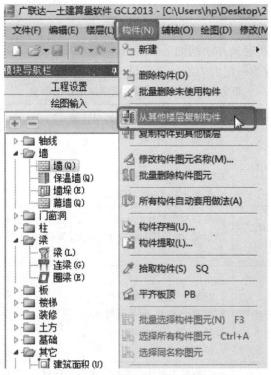

图 2.163

b. 弹出如图 2.164 所示"从其他楼层复制构件"对话框,选择源楼层和本层需要复制的构件,勾选"同时复制构件",单击"确定"按钮即可。但⑨轴与⑪轴之间的 200mm 厚混凝土墙没有复制过来,需要重新建立属性,这样本层的剪力墙就全部建好了。

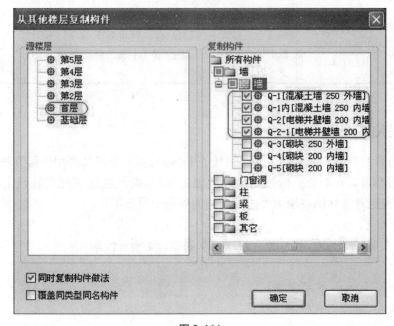

图 2.164

四、任务结果

①参照上述方法重新定义并绘制地下一层剪力墙。

②汇总计算,统计地下一层剪力墙的工程量,如表2.52所示。

表2.52　地下一层剪力墙清单定额工程量

序　号	项目编码	项目名称及特征	单　位	工程量
1	010504001001	直形墙 电梯井壁 1.部位:电梯井壁 2.混凝土强度等级:C30 3.混凝土种类:商品混凝土	m³	13.206
	4-89 H0433022 0433024	现浇商品混凝土(泵送) 建筑物混凝土 直形、弧形墙 墙厚10cm以上 换为【泵送商品混凝土 C30】	10m³	1.3206
2	010504001003	直形墙 1.混凝土强度等级:C30 2.混凝土种类:商品混凝土 3.部位:地下室外墙 4.抗渗等级:P8	m³	174.6682
	4-89 H0433022 0433043	现浇商品混凝土(泵送) 建筑物混凝土 直形、弧形墙 墙厚10cm以上 换为【泵送商品抗渗混凝土 C30/P8】	10m³	17.4668
3	010504001004	直形墙 1.混凝土强度等级:C30 2.混凝土种类:商品混凝土	m³	28.2956
	4-89 H0433022 0433024	现浇商品混凝土(泵送) 建筑物混凝土 直形、弧形墙 墙厚10cm以上 换为【泵送商品混凝土 C30】	10m³	2.8296

五、总结拓展

本层剪力墙的外墙大部分都是偏往轴线外175mm,如果每段墙都用偏移方法绘制比较麻烦。我们知道在第2.6.1节里面柱的位置是固定好的,因此在这里先在轴线上绘制外剪力墙,绘制完后利用对齐功能将墙的外边线与柱的外边线对齐即可。

2.6.3　地下一层梁、板、填充墙的工程量计算

通过本小节的学习,你将能够:

统计本层梁、板及填充墙的工程量。

一、任务说明

①完成地下一层梁、板及填充墙的构件定义、做法套用及图元绘制。

②汇总计算,统计地下一层梁、板及填充墙的工程量。

二、任务分析

地下一层梁、板、填充墙的构件与首层有什么不同?

三、任务实施

图纸如下:

①分析图纸结施-7,从左至右、从上至下,本层有框架梁、非框架梁、悬梁3种。

②分析框架梁 KL1～KL6、非框架梁 L1～L11、悬梁 XL1,主要信息如表2.53所示。

表2.53　地下一层梁表

序　号	类　型	名　称	混凝土标号	截面尺寸(mm)	顶标高	备　注
1	框架梁	KL1	C30	250×500　250×650	层顶标高	与首层相同
		KL2	C30	250×500　250×650	层顶标高	与首层相同
		KL3	C30	250×500	层顶标高	属性相同 位置不同
		KL4	C30	250×500	层顶标高	属性相同 位置不同
		KL5	C30	250×500	层顶标高	属性相同 位置不同
		KL6	C30	250×650	层顶标高	
2	非框架梁	L1	C30	250×500	层顶标高	属性相同 位置不同
		L2	C30	250×500	层顶标高	属性相同 位置不同
		L3	C30	250×500	层顶标高	属性相同 位置不同
		L4	C30	200×400	层顶标高	
		L5	C30	250×600	层顶标高	与首层相同
		L6	C30	250×400	层顶标高	与首层相同
		L7	C30	250×600	层顶标高	与首层相同
		L8	C30	200×400	层顶标高-0.05	与首层相同
		L9	C30	250×600	层顶标高-0.05	与首层相同
		L10	C30	250×400	层顶标高	与首层相同
		L11	C30	250×400	层顶标高	
3	悬梁	XL1	C30	250×500	层顶标高	与首层相同

③分析结施-11,可以从板平面图中得到板的截面信息,如表2.54所示。

表2.54 地下一层板表

序 号	类 型	名 称	混凝土标号	板厚 h(mm)	板顶标高	备 注
1	楼板	LB1	C30	180	层顶标高	
2	其他板	FB1	C30	300	层顶标高	
		YXB1	C30	180	层顶标高	

④分析建施-0、建施-2、建施-9,可以得到如表2.55所示填充墙信息。

表2.55 地下一层填充墙表

序 号	类 型	砌筑砂浆	材 质	墙厚	标高(mm)	备 注
1	框架间墙	M5混合砂浆	陶粒空心砖	200	-4.4 ~ -0.1	梁下墙
2	砌块内墙	M5混合砂浆	陶粒空心砖	200	-4.4 ~ -0.1	

四、任务结果

汇总计算,统计地下一层梁、板、填充墙的工程量,如表2.56所示。

表2.56 地下一层梁、板、填充墙清单定额工程量

序 号	项目编码	项目名称及特征	单 位	工程量
1	010402001004	砌块墙 1.墙体厚度:100mm 2.砌块品种、规格、强度等级:蒸压轻质加气混凝土砌块(砂加气,不含粉煤灰) 3.砂浆强度等级、配合比:砂加气混凝土砌块专用粘结砂浆 4.墙体部位:-1~4层排风井墙体	m³	2.2576
	3-86 H8001021 8001011	蒸压砂加气混凝土砌块 墙厚150mm以内 换为【水泥砂浆 M5.0】	10m³	0.2249
2	010402001001	砌块墙 1.墙体厚度:200mm 2.砌块品种、规格、强度等级:蒸压轻质加气混凝土砌块(砂加气,不含粉煤灰) 3.砂浆强度等级、配合比:砂加气混凝土砌块专用粘结砂浆	m³	47.2751
	3-87	蒸压砂加气混凝土砌块 墙厚200mm以内	10m³	4.7275

续表

序　号	项目编码	项目名称及特征	单　位	工程量
3	010503002001	矩形梁 1. 混凝土强度等级:C30 2. 混凝土种类:商品混凝土	m³	45.031
	4-83 H0433022 0433024	现浇商品混凝土(泵送) 建筑物混凝土 单梁、连续梁、异形梁、弧形梁、吊车梁 换为【泵送商品混凝土 C30】	10m³	4.5031
4	010505003001	平板 1. 混凝土强度等级:C30 2. 混凝土种类:商品混凝土	m³	146.5263
	4-86 H0433022 0433024	现浇商品混凝土(泵送) 建筑物混凝土 板 换为【泵送商品混凝土 C30】	10m³	15.3212
5	010904001002	楼(地)面卷材防水-地下室顶板 1. 卷材品种:湿铺法,自粘型防水卷材,平面 2. 防水部位:地下室顶板	m²	813.7888
	7-63	柔性防水 卷材防水 湿铺法防水卷材 自粘卷材 平面	100m²	8.1379

2.6.4　地下一层门洞口、圈梁、构造柱的工程量计算

通过本小节的学习,你将能够:
统计地下一层门洞口、圈梁、构造柱的工程量。

一、任务说明

①完成地下一层门洞口、圈梁、构造柱的构件定义、做法套用及图元绘制。
②汇总计算,统计地下一层门洞口、圈梁、构造柱的工程量。

二、任务分析

地下一层门洞口、圈梁、构造柱的构件与首层有什么不同?

三、任务实施

1)分析图纸

分析建施-2、结施-4,可以得到地下一层门洞口信息,如表2.57所示。

表 2.57　地下一层门洞口表

序　号	名　称	数量(个)	宽(mm)	高(mm)	离地高度(mm)	备　注
1	M1	2	1000	2100	800	
2	M2	2	1500	2100	800	
3	JFM1	1	1000	2100	800	
4	JFM2	1	1800	2100	800	
5	YFM1	1	1200	2100	800	
6	JXM1	1	1200	2000	800	
7	JXM2	1	1200	2000	800	
8	电梯门洞	2	1200	2100	800	
9	走廊洞口	2	1800	2000	800	
10	⑦轴墙洞	1	2000	2000	800	
11	消火栓箱	1	750	1650	950	

2)门洞口属性定义与做法套用

门洞口的属性定义与做法套用同首层。下面是与首层不同的地方,请注意:

①本层 M1、M2、YFM1、JXM1、JXM2 与首层属性相同,只是离地高度不一样,可以将构件复制过来,根据分析图纸内容修改离地高度即可。复制构件的方法同前述,这里不再讲述。

②本层 JFM1、JFM2 是甲级防火门,与首层 YFM1 乙级防火门的属性定义相同,套用做法也一样。

四、任务结果

汇总计算,统计地下一层门洞口、圈梁、构造柱的工程量,如表 2.58 所示。

表 2.58　地下一层门洞口、圈梁、构造柱清单定额工程量

序　号	项目编码	项目名称及特征	单　位	工程量
1	010502002001	构造柱 1.混凝土强度等级:C25 2.混凝土种类:商品混凝土	m³	2.789
	4-80 H0433022 0433023	现浇商品混凝土(泵送) 建筑物混凝土 构造柱 换为【泵送商品混凝土 C25】	10m³	0.2789
2	010503004001	圈梁 1.混凝土强度等级:C25 2.混凝土种类:商品混凝土	m³	1.2541
	4-84 H0433022 0433023	现浇商品混凝土(泵送) 建筑物混凝土 圈梁、过梁、拱形梁 换为【泵送商品混凝土 C25】	10m³	0.1254

续表

序　号	项目编码	项目名称及特征	单　位	工程量
3	010503005001	过梁 1.混凝土强度等级:C25 2.混凝土种类:商品混凝土	m³	0.3461
	4-84 H0433022 0433023	现浇商品混凝土（泵送）建筑物混凝土 圈梁、过梁、拱形梁 换为【泵送商品混凝土 C25】	10m³	0.0346
4	010801001001	木质门-装饰夹板门 1.部位:M1、M2 2.类型:拼花装饰实心装饰夹板门(带框),含五金	m²	10.5
	13-32	木门框制作安装、成品木门安装 单独木门框制作安装	100m	0.218
	13-16	装饰门扇制作、安装 实心门 装饰夹板门 平面普通	100m²	0.105
5	010801004001	木质防火门 1.成品木质丙级防火检修门,含五金	m²	5.9
	13-32	木门框制作安装、成品木门安装 单独木门框制作安装	100m	0.1495
	13-20	装饰门扇制作、安装 实心门 防火板门 平面	100m²	0.059
6	010802003001	钢质防火门 1.成品钢质甲级防火门,含五金	m²	5.88
	13-56	金属门 钢质防火门	100m²	0.0588
7	010802003002	钢质防火门 1.成品钢质乙级防火门,含五金	m²	2.52
	13-56	金属门 钢质防火门	100m²	0.0252

2.6.5　地下一层后浇带、坡道与地沟的工程量计算

通过本小节的学习,你将能够:

(1)定义后浇带、坡道、地沟;

(2)依据定额、清单分析坡道、地沟需要计算的工程量。

一、任务说明

①完成地下一层后浇带、坡道、地沟的构件定义、做法套用及图元绘制。

②汇总计算,统计地下一层后浇带、坡道、地沟的工程量。

二、任务分析

①地下一层坡道、地沟的构件所在位置及构件尺寸。

②坡道、地沟的定义和做法套用有什么特殊性?

三、任务实施

1)分析图纸

①分析结施-7,可以从板平面图中得到后浇带的截面信息。本层只有一条后浇带,后浇带宽度为800mm,分布在⑤轴与⑥轴之间,距离⑤轴的距离为1000mm,可从首层复制。

②在坡道的底部和顶部均有一个截面为600mm×700mm的截水沟。

③坡道的坡度$i=5$,板厚为200mm,垫层厚度为100mm。

2)属性定义

(1)坡道的属性定义

①定义一块筏板基础,标高暂定为层底标高,如图2.165所示。

②定义一个面式垫层,如图2.166所示。

属性名称	属性值	附加
名称	坡道	
材质	现浇混凝	☐
砼标号	(C25)	☐
砼类型	(现浇砼)	☐
厚度(mm)	200	☐
顶标高(m)	层底标高+	☐
底标高(m)	层底标高	☐
砖胎膜厚度	0	☐
备注		☐
⊞ 计算属性		
⊞ 显示样式		

图2.165

属性名称	属性值	附加
名称	DC-1	
材质	现浇混凝	☐
砼标号	(C20)	☐
砼类型	(现浇砼)	☐
形状	面型	☐
厚度(mm)	100	☐
顶标高(m)	基础底标	☐
备注		☐
⊞ 计算属性		
⊞ 显示样式		

图2.166

(2)截水沟的属性定义

软件建立地沟时,默认地沟由4个部分组成,要建立一个完整的地沟,需要建立4个地沟单元,分别为地沟底板、顶板与两个侧板。

①单击定义矩形地沟单元,此时定义的是截水沟的底板,属性根据结施-3定义,如图2.167所示。

②单击定义矩形地沟单元,此时定义的是截水沟的顶板,属性根据结施-3 定义,如图 2.168 所示。

属性名称	属性值	附加
名称	DG-1-1	
类别	底板	☑
材质	现浇混凝	☐
砼标号	(C25)	☐
砼类型	(现浇砼)	☐
截面宽度(	600	☐
截面高度(	100	☐
截面面积 (m	0.06	☐
相对底标高	0	☐
相对偏心距	0	☐
备注		☐
⊞ 计算属性		
⊞ 显示样式		

图 2.167

属性名称	属性值	附加
名称	DG-1-2	
类别	盖板	☑
材质	现浇混凝	☐
砼标号	(C25)	☐
砼类型	(现浇砼)	☐
截面宽度(	500	☐
截面高度(	50	☐
截面面积 (m	0.025	☐
相对底标高	0.65	☐
相对偏心距	0	☐
备注		☐
⊞ 计算属性		
⊞ 显示样式		

图 2.168

③单击定义矩形地沟单元,此时定义的是截水沟的左侧板,属性根据结施-3 定义,如图 2.169 所示。

④单击定义矩形地沟单元,此时定义的是截水沟的右侧板,属性根据结施-3 定义,如图 2.170 所示。

属性名称	属性值	附加
名称	DG-1-3	
类别	侧壁	☑
材质	现浇混凝	☐
砼标号	(C25)	☐
砼类型	(现浇砼)	☐
截面宽度(	100	☐
截面高度(	700	☐
截面面积 (m	0.07	☐
相对底标高	0	☐
相对偏心距	250	☐
备注		☐
⊞ 计算属性		
⊞ 显示样式		

图 2.169

属性名称	属性值	附加
名称	DG-1-4	
类别	侧壁	☑
材质	现浇混凝	☐
砼标号	(C25)	☐
砼类型	(现浇砼)	☐
截面宽度(	100	☐
截面高度(	700	☐
截面面积 (m	0.07	☐
相对底标高	0	☐
相对偏心距	-250	☐
备注		☐
⊞ 计算属性		
⊞ 显示样式		

图 2.170

3)做法套用

①坡道的做法套用,如图 2.171 所示。

	编码	类别	项目名称	项目特征	单位	工程量表达式	表达式说明	措施项目	专业
1	010501004001	项	满堂基础 坡道	1、混凝土强度等级:C30 2、混凝土种类:商品混凝土 3、基础类型:无梁式满堂基础 4、抗渗等级:P8 5、部位:坡道	m3	TJ	TJ〈体积〉	☐	建筑工程
2	4-82	定	现浇商品混凝土(泵送)建筑物混凝土 基础梁		m3	TJ	TJ〈体积〉	☐	建筑
3	010903001001	项	墙面卷材防水-筏板基础侧壁防水(同外墙)	1、涂膜品种:湿铺法,自粘型防水卷材,立面	m2	WQWCFBPMMJ	WQWCFBPMMJ〈外墙外侧筏板平面面积〉	☐	建筑工程
4	7-64	定	柔性防水 卷材防水 湿铺法防水卷材 自粘卷材 立面		m2	WQWCFBPMMJ	WQWCFBPMMJ〈外墙外侧筏板平面面积〉	☐	建筑
5	011702001002	项	基础	1.坡道	m2	MBMJ	MBMJ〈模板面积〉	☑	建筑工程
6	4-147	定	基础模板 地下室底板、满堂基础 无梁式 复合木模		m2	MBMJ	MBMJ〈模板面积〉	☑	建筑

图 2.171

②地沟的做法套用,如图 2.172 所示。

	编码	类别	项目名称	项目特征	单位	工程量表达式	表达式说明	措施项目	专业
1	010507003001	项	电缆沟、地沟	1、混凝土强度等级:C25 2、混凝土拌合料要求:商品混凝土	m	CD	CD〈长度〉	☐	建筑工程
2	4-29	定	现浇现拌混凝土 建筑物混凝土 地沟、电缆沟		m3	CD*0.1*1.9	CD〈长度〉*0.1*1.9	☐	建筑
3	011702026001	项	电缆沟、地沟	1、地沟 2、截面:600*700	m2	CD*1.9	CD〈长度〉*1.9	☑	建筑工程
4	4-198	定	建筑物模板 地沟、电缆沟		m2	CD*1.9	CD〈长度〉*1.9	☑	建筑
5	010512008001	项	沟盖板、井盖板、井圈	沟盖板、井盖板、井圈 1、部位:警井、地沟铸铁盖板	m2	CD*0.7	CD〈长度〉*0.7	☐	建筑工程
6	9-70	定	铸铁盖板 地沟厚20mm以内		m2	CD*0.7	CD〈长度〉*0.7	☐	建筑

图 2.172

4)画法讲解

①后浇带画法参照前面后浇带画法。

②地沟使用直线绘制即可。

③坡道:

a.按图纸尺寸绘制上述定义的筏板和垫层;

b.利用"三点定义斜筏板"绘制⑨—⑪轴坡道处的筏板。

四、任务结果

汇总计算,统计地下一层后浇带、坡道与地沟的工程量,如表 2.59 所示。

表 2.59 地下一层后浇带、坡道与地沟清单定额工程量

序 号	项目编码	项目名称及特征	单 位	工程量
1	010501001001	垫层 1.混凝土强度等级:C15 2.混凝土种类:商品混凝土	m^3	5.9142
	4-73 H0433020 0433021	现浇商品混凝土(泵送) 建筑物混凝土 垫层 换为【泵送商品混凝土 C15】	$10m^3$	0.5914

序　号	项目编码	项目名称及特征	单　位	工程量
2	010501004001	满堂基础 坡道 1.混凝土强度等级:C30 2.混凝土种类:商品混凝土 3.基础类型:无梁式满堂基础 4.抗渗等级:P8 5.部位:坡道	m³	11.1769
	4-82	现浇商品混凝土(泵送) 建筑物混凝土 基础梁	10m³	1.1177
3	010507003001	电缆沟、地沟 1.混凝土强度等级:C25 2.混凝土拌合料要求:商品混凝土	m	6.95
	4-29	现浇现拌混凝土 建筑物混凝土 地沟、电缆沟	10m³	0.1321
4	010508001001	后浇带 1.混凝土强度等级:C35/P8 2.混凝土种类:商品混凝土	m³	1.72
	4-92	现浇商品混凝土(泵送) 建筑物混凝土 后浇带 梁、板厚20cm以上	10m³	0.172
5	010512008001 HJD-1	后浇带 1.混凝土强度等级:C35 2.混凝土种类:商品混凝土	m³	3.6708
	4-92	现浇商品混凝土(泵送) 建筑物混凝土 后浇带 梁、板厚20cm以上	10m³	0.3671
6	010512008001	沟盖板、井盖板、井圈 1.部位:窨井、地沟铸铁盖板	m²	4.865
	9-70	铸铁盖板 地沟厚20mm以内	m²	4.865
7	010903001001	墙面卷材防水-筏板基础侧壁防水(同外墙) 1.涂膜品种:湿铺法,自粘型防水卷材,立面	m²	40.627
	7-64	柔性防水 卷材防水 湿铺法防水卷材 自粘卷材 立面	100m²	0.4063

2.7 基础层工程量计算

通过本节的学习,你将能够:

(1)分析基础层需要计算的内容;

(2)定义筏板、集水坑、基础梁、土方等构件;

(3)统计基础层工程量。

2.7.1 筏板、垫层、集水坑的工程量计算

通过本小节的学习,你将能够:

(1)依据定额、清单分析筏板、垫层的计算规则,确定计算内容;

(2)定义基础筏板、垫层、集水坑;

(3)绘制基础筏板、垫层、集水坑;

(4)统计基础筏板、垫层、集水坑工程量。

一、任务说明

(1)完成基础层筏板、垫层、集水坑的构件定义、做法套用及图元绘制。

(2)汇总计算,统计基础层筏板、垫层、集水坑的工程量。

二、任务分析

(1)基础层都有哪些需要计算的构件工程量? 如筏板、垫层、集水坑、防水工程等。

(2)筏板、垫层、集水坑、防水如何定义并绘制?

(3)防水如何套用做法?

三、任务实施

1)分析图纸

①由结施-3 可知,本工程筏板厚度为 500mm,混凝土标号为 C30;由建施-0 中第四条防水设计可知,地下防水为防水卷材和混凝土自防水两道设防,筏板的混凝土为预拌抗渗混凝土 C30;由结施-1 第八条可知,抗渗等级为 P8;由结施-3 可知,筏板底标高为基础层底标高(-4.9m)。

②本工程基础垫层厚度为 100mm,混凝土标号为 C15,顶标高为基础底标高,出边距离为 100mm。

③本层有 JSK1 两个、JSK2 一个。

a. JSK1 截面为 2250mm×2200mm,坑板顶标高为-5.5m,底板厚度为 800mm,底板出边宽度为 600mm,混凝土标号为 C30,放坡角度为 45°。

b. JSK1 截面为 1000mm×1000mm,坑板顶标高为-5.4m,底板厚度为 500mm,底板出边宽度为 600mm,混凝土标号为 C30,放坡角度为 45°。

④集水坑垫层厚度为 100mm。

2）清单、定额计算规则学习

（1）清单计算规则（见表 2.60）

表 2.60　清单计算规则

编　号	项目名称	单　位	计算规则
010501004	满堂基础	m³	按设计图示尺寸以体积计算。不扣除伸入承台基础的桩头所占体积
011702001	基础	m²	按模板与现浇混凝土构件的接触面积计算
010903001	基础侧壁防水	m²	按设计图示尺寸以面积计算
010903003	墙面砂浆防水	m²	按设计图示尺寸以面积计算
010904001	基础底板卷材防水	m²	按设计图示尺寸以面积计算。 1.楼（地）面防水：按主墙间净空面积计算，扣除凸出地面的构筑物、设备基础等所占面积，不扣除间壁墙及单个面积≤0.3m² 柱、垛、烟囱和孔洞所占面积； 2.楼（地）面防水反边高度≤300mm 算作地面防水，反边高度>300mm 按墙面防水计算
010501001	垫层	m³	按设计图示尺寸以体积计算

（2）定额计算规则（见表 2.61）

表 2.61　定额计算规则

编　号	项目名称	单　位	计算规则
4-73	现浇商品混凝土（泵送） 建筑物混凝土垫层	m³	按设计图示尺寸以体积计算
7-64	柔性防水 卷材防水 湿铺法防水卷材 自粘卷材 立面	m²	按设计图示尺寸以面积计算
7-39	刚性防水、防潮 防水砂浆防潮层 立面	m²	按设计图示尺寸以面积计算
7-63	柔性防水 卷材防水 湿铺法防水卷材 自粘卷材 平面	m²	按设计图示尺寸以面积计算
4-145	基础模板 地下室底板、满堂基础 有梁式复合木模	m²	按混凝土与模板接触面的面积以"m²"计量，应扣除构件平行交接及0.3m² 以上的构件垂直交接处的面积
4-135	基础模板 基础垫层	m²	

3）属性定义

①筏板的属性定义，如图 2.173 所示。

②垫层的属性定义,如图 2.174 所示。

③集水坑的属性定义,如图 2.175 所示。

属性名称	属性值	附加
名称	FB-1	☐
材质	现浇混凝	☐
砼标号	(C35)	☐
砼类型	(现浇砼	☐
厚度(mm)	500	☐
顶标高(m)	层底标高+	☐
底标高(m)	层底标高	☐
砖胎膜厚度	0	☐
备注		☐
⊞ 计算属性		
⊞ 显示样式		

图 2.173

属性名称	属性值	附加
名称	筏板垫层	
材质	现浇混凝	☐
砼标号	(C20)	☐
砼类型	(现浇砼	☐
形状	面型	
厚度(mm)	100	☐
顶标高(m)	基础底标	☐
备注		☐
⊞ 计算属性		
⊞ 显示样式		

图 2.174

属性名称	属性值	附加
名称	JSK-1	
材质	现浇混凝	☐
砼标号	(C35)	☐
砼类型	(现浇砼	☐
截面宽度(	2225	☐
截面长度(	2250	☐
坑底出边距	600	☐
坑底板厚度	800	☐
坑板顶标高	-5.5	☐
放坡输入方	放坡角度	☐
放坡角度	45	☐
砖胎膜厚度	0	☐
备注		☐
⊞ 计算属性		
⊞ 显示样式		

图 2.175

4)做法套用

①筏板基础的做法套用,如图 2.176 所示。

	编码	类别	项目名称	项目特征	单位	工程量表达式	表达式说明	措施项目	专业
1	⊟ 010501004002	项	满堂基础	1、混凝土强度等级:C30 2、混凝土种类:商品混凝土 3、基础类型:有梁式满堂基础 4、抗渗等级:P8	m3	TJ	TJ〈体积〉	☐	建筑工程
2	4-82 H0433 022 043304 3	换	现浇商品混凝土(泵送)建筑物基础梁 换为【泵送商品抗渗混凝土 C30/P8】		m3	TJ	TJ〈体积〉	☐	建筑
3	⊟ 010904001001	项	楼(地)面卷材防水-筏板基础底部防水、地下室顶板	1.卷材品种:湿铺法,自粘型防水卷材,平面 2.防水部位:筏板底部 3.保护层:50厚C20细石混凝土保护层	m2	DBMJ	DBMJ〈底部面积〉	☐	建筑工程
4	7-63	定	柔性防水 卷材防水 湿铺法防水卷材 自粘卷材 平面		m2	DBMJ	DBMJ〈底部面积〉	☐	建筑
5	7-1 D5	换	刚性屋面 细石混凝土防水层 厚4cm 实际厚度(cm):5		m2	DBMJ	DBMJ〈底部面积〉	☐	建筑
6	⊟ 010903001001	项	墙面卷材防水-筏板基础侧壁防水(同外墙)	1.涂膜品种:湿铺法,自粘型防水卷材,立面	m2	WQWCFBPMMJ	WQWCFBPMMJ〈外墙外侧筏板平面面积〉	☐	建筑工程
7	7-64	定	柔性防水 卷材防水 湿铺法防水卷材 自粘卷材 立面		m2	WQWCFBPMMJ	WQWCFBPMMJ〈外墙外侧筏板平面面积〉	☐	建筑
8	⊟ 011702001001	项	基础	1、有梁式满堂基础	m2	MBMJ	MBMJ〈模板面积〉	☑	建筑工程
9	4-145	定	基础模板 地下室底板、满堂基础 有梁式 复合木模		m2	MBMJ	MBMJ〈模板面积〉	☑	建筑

图 2.176

②垫层的做法套用,如图 2.177 所示。

	编码	类别	项目名称	项目特征	单位	工程量表达式	表达式说明	措施项目	专业
1	⊟ 010501001001	项	垫层	1、混凝土强度等级: C15 2、混凝土种类: 商品混凝土	m3	TJ	TJ〈体积〉	☐	建筑工程
2	4-73 H0433 020 043302 1	换	现浇商品混凝土(泵送) 建筑物混凝土 垫层 换为【泵送商品混凝土 C15】		m3	TJ	TJ〈体积〉	☐	建筑
3	⊟ 011702001003	项	基础	1、垫层	m2	MBMJ	MBMJ〈模板面积〉	☑	建筑工程
4	└ 4-135	定	基础模板 基础垫层		m2	MBMJ	MBMJ〈模板面积〉	☑	建筑

图 2.177

③JSK1 的做法套用,如图 2.178 所示。

	编码	类别	项目名称	项目特征	单位	工程量表达式	表达式说明	措施项目	专业
1	⊟ 010501004002	项	满堂基础	1、混凝土强度等级: C30 2、混凝土种类: 商品混凝土 3、基础类型: 有梁式满堂基础 4、抗渗等级: P8	m3	TJ	TJ〈体积〉	☐	建筑工程
2	4-62 H0433 022 043304 3	换	现浇商品混凝土(泵送) 建筑物混凝土 基础垫层 换为【泵送商品抗渗混凝土 C30/P8】		m3	TJ	TJ〈体积〉	☐	建筑
3	⊟ 010903003001	项	墙面砂浆防水	1、砂浆厚度配合比: 1:2.5 防水水泥砂浆 3.防水部位: 集水坑内部	m2	DBLMMJ	DBLMMJ〈底部立面面积〉	☐	建筑工程
4	└ 7-39	定	刚性防水、防潮 防水砂浆防潮层 立面		m2	DBLMMJ	DBLMMJ〈底部立面面积〉	☐	建筑
5	⊟ 010904001002	项	楼(地) 面卷材防水-集水坑底部防水	1、卷材品种: 湿铺法, 自粘型防水卷材 2、防水部位: 集水坑	m2	DBSPMJ	DBSPMJ〈底部水平面积〉	☐	建筑工程
6	└ 7-63	定	柔性防水 卷材防水 湿铺法防水卷材 自粘卷材 平面		m2	DBSPMJ	DBSPMJ〈底部水平面积〉	☐	建筑
7	⊟ 011702001001	项	基础	1、有梁式满堂基础	m2	MBMJHML	MBMJHML〈模板面积(按含模量)〉	☑	建筑工程
8	└ 4-139	定	基础模板 带形基础 有梁式 复合木模		m2	MBMJHML	MBMJHML〈模板面积(按含模量)〉	☑	建筑

图 2.178

5)画法讲解

①筏板属于面式构件,和楼层现浇板一样,可以使用直线绘制,也可以使用矩形绘制。在这里使用直线绘制,绘制方法同首层现浇板。

②垫层属于面式构件,可以使用直线绘制,也可以使用矩形绘制。在这里使用智能布置,单击"智能布置"→"筏板",在弹出的对话框中输入出边距离"100",单击"确定"按钮,垫层就布置好了。

③集水坑采用点画绘制即可。

四、任务结果

汇总计算,统计基础层筏板、垫层、集水坑的工程量,如表 2.62 所示。

表 2.62　基础层筏板、垫层、集水坑清单定额工程量

序 号	项目编码	项目名称及特征	单 位	工程量
1	010501001001	垫层 1.混凝土强度等级:C15 2.混凝土种类:商品混凝土	m³	106. 2684
	4-73 H0433020 0433021	现浇商品混凝土(泵送) 建筑物混凝土 垫层 换为【泵送商品混凝土 C15】	10m³	10. 8723

续表

序 号	项目编码	项目名称及特征	单 位	工程量
2	010501004002	满堂基础 1. 混凝土强度等级:C30 2. 混凝土种类:商品混凝土 3. 基础类型:有梁式满堂基础 4. 抗渗等级:P8	m³	642.2223
	4-82 H0433022 0433043	现浇商品混凝土(泵送) 建筑物混凝土 基础梁 换为【泵送商品抗渗混凝土 C30/P8】	10m³	64.2222
3	010903001001	墙面卷材防水-筏板基础侧壁防水(同外墙) 1. 涂膜品种:湿铺法,自粘型防水卷材,立面	m²	63.0225
	7-64	柔性防水 卷材防水 湿铺法防水卷材 自粘卷材 立面	100m²	0.6302
4	010903003001	墙面砂浆防水 1. 砂浆厚度配合比:1:2.5 防水水泥砂浆 2. 防水部位:集水坑内部	m²	3.4863
	7-39	刚性防水、防潮 防水砂浆防潮层 立面	100m²	0.0349
5	010904001001	楼(地)面卷材防水-筏板基础底部防水、地下室顶板 1. 卷材品种:湿铺法,自粘型防水卷材,平面 2. 防水部位:筏板底部 3. 保护层:50mm 厚 C20 细石混凝土保护层	m²	965.3038
	7-63	柔性防水 卷材防水 湿铺法防水卷材 自粘卷材 平面	100m²	9.653
	7-1 D5	刚性屋面 细石混凝土防水层 厚4cm 实际厚度 (cm):5	100m²	9.653
6	010904001002	楼(地)面卷材防水-集水坑底部防水 1. 卷材品种:湿铺法,自粘型防水卷材 2. 防水部位:集水坑	m²	23.4475
	7-63	柔性防水 卷材防水 湿铺法防水卷材 自粘卷材 平面	100m²	0.2345
7	011702001001	基础 1. 有梁式满堂基础	m²	75.4
	4-145	基础模板 地下室底板、满堂基础 有梁式 复合 木模	100m²	0.754

续表

序 号	项目编码	项目名称及特征	单 位	工程量
8	011702001003	基础 1. 垫层	m²	79.4969
	4-135	基础模板 基础垫层	100m²	0.795

五、总结拓展

（1）建模定义集水坑

①软件提供了直接在绘图区绘制不规则形状的集水坑的操作模式。如图 2.179 所示，选择"新建自定义集水坑"后，用直线画法在绘图区绘制 T 形图元。

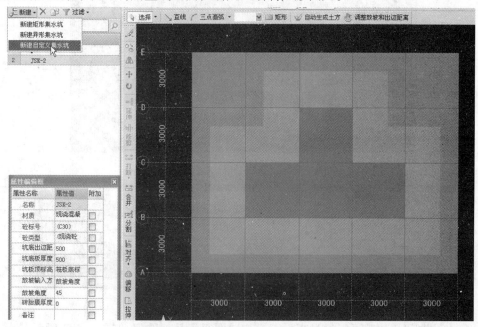

图 2.179

②绘制成封闭图形后，软件就会自动生成一个自定义的集水坑，如图 2.180 所示。

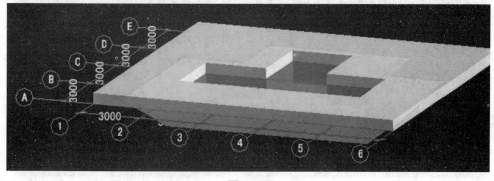

图 2.180

（2）多集水坑自动扣减

①多个集水坑之间的扣减用手工计算是很繁琐的，如果集水坑再有边坡就更加难算了。多个集水坑如果发生相交，软件是完全可以精确计算的。如图 2.181 和图 2.182 所示的两个相交的集水坑，其空间形状是非常复杂的。

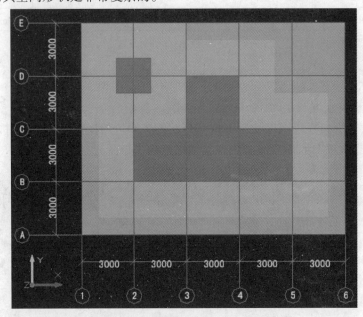

图 2.181

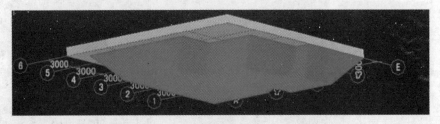

图 2.182

②集水坑之间的扣减可以通过查看三维扣减图很清楚地看到，如图 2.183 所示。

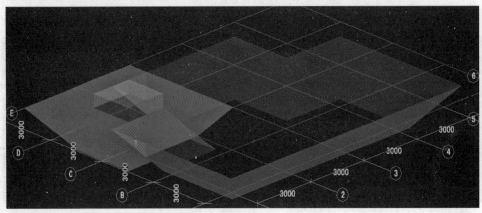

图 2.183

（3）设置集水坑放坡

实际工程中,集水坑各边边坡可能不一致,可以通过设置集水坑边坡来进行调整。单击"调整放坡和出边距离"后,点选集水坑构件和要修改边坡的坑边,单击右键确定后就会出现"调整集水坑放坡"对话框,其中绿色的字体都是可以修改的,修改后单击"确定"按钮即可看到修改后的边坡形状,如图2.184所示。

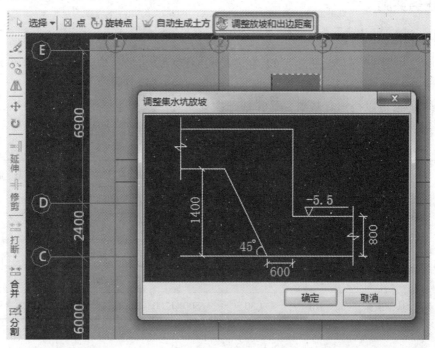

图2.184

思考与练习

（1）筏板已经布置上垫层了,集水坑布置上后,为什么还要布置集水坑垫层?

（2）多个集水坑相交,软件在计算时扣减的原则是什么? 谁扣谁?

2.7.2 基础梁、后浇带的工程量计算

通过本小节的学习,你将能够:

（1）依据清单、定额分析基础梁、基础后浇带的计算规则;

（2）定义基础梁、基础后浇带;

（3）统计基础梁、基础后浇带的工程量。

一、任务说明

①完成基础梁的构件定义、做法套用及图元绘制。

②汇总计算,统计基础梁、基础后浇带的工程量。

二、任务分析

基础梁、基础后浇带如何套用做法?

三、任务实施

1)分析图纸

由结施-2 中第 11 条后浇带中可知,在底板和地梁后浇带的位置设有-3×300 止水钢板两道。后浇带的绘制不再重复讲解,可从地下一层复制图元及构件。

分析结施-3,可以得知有基础主梁和基础次梁两种。基础主梁为 JZL1 ~ JZL4,基础次梁为 JCL1,主要信息如表 2.63 所示。

表 2.63　基础梁表

序　号	类　型	名　称	混凝土标号	截面尺寸(mm)	梁底标高	备　注
1	基础主梁	JZL1	C30	500×1200	基础底标高	
		JZL2	C30	500×1200	基础底标高	
		JZL3	C30	500×1200	基础底标高	
		JZL4	C30	500×1200	基础底标高	
2	基础次梁	JCL1	C30	500×1200	基础底标高	

2)清单、定额计算规则学习

(1)清单计算规则(见表 2.64)

表 2.64　基础梁、后浇带清单计算规则

编　号	项目名称	单　位	计算规则
010501004	满堂基础	m³	按设计图示尺寸以体积计算。不扣除伸入承台基础的桩头所占体积
011702001	基础	m²	按模板与现浇混凝土构件的接触面积计算
010508001	后浇带	m³	按设计图示尺寸以体积计算
011702030	后浇带	m²	按模板与现浇混凝土构件的接触面积计算

(2)定额计算规则(见表 2.65)

表 2.65　基础梁、后浇带定额计算规则

编　号	项目名称	单　位	计算规则
4-92	现浇商品混凝土(泵送) 建筑物混凝土 后浇带	m³	按设计图示尺寸以体积计算

续表

编　号	项目名称	单　位	计算规则
4-82	现浇商品混凝土(泵送) 建筑物混凝土 基础梁	m^3	按设计图示尺寸以体积计算
4-145	基础模板 地下室底板、满堂基础 有梁式 复合木模	m^2	按混凝土与模板接触面的面积以“m^2”计量,应扣除构件平行交接及 $0.3m^2$ 以上的构件垂直交接处的面积
4-135	基础模板 基础垫层	m^2	
4-203	建筑物模板 后浇带模板增加费	m^2	

3)属性定义

基础梁的属性定义与框架梁的属性定义类似。在模块导航栏中单击“基础”→“基础梁”,在构件列表中单击“新建”→“新建矩形基础梁”,在属性编辑框中输入基础梁基本信息即可,如图 2.185 所示。

属性名称	属性值	附加
名称	JZL-1	
类别	基础主梁	☐
材质	现浇混凝	☐
砼标号	(C35)	☐
砼类型	(现浇砼	☐
截面宽度(	500	☑
截面高度(	1200	☑
截面面积(m	0.6	☐
截面周长(m	3.4	☐
起点顶标高	层底标高	☐
终点顶标高	层底标高	☐
轴线距梁左	(250)	☐
砖胎膜厚度	0	☐
是否有底模	否	☐
备注		☐
+ 计算属性		
+ 显示样式		

图 2.185

4)做法套用

①基础梁的做法套用,如图 2.186 所示。

	编码	类别	项目名称	项目特征	单位	工程量表达式	表达式说明	措施项目	专业
1	010501004002	项	满堂基础	1、混凝土强度等级:C30 2、混凝土种类:商品混凝土 3、基础类型:有梁式满堂基础 4、抗渗等级:P8	m3	TJ	TJ<体积>	☐	建筑工程
2	4-82 H0433022 0433043	换	现浇商品混凝土(泵送) 建筑物混凝土 基础梁 换为【泵送商品抗渗混凝土 C30/P8】		m3	TJ	TJ<体积>	☐	建筑
3	011702001001	项	基础	1、有梁式满堂基础	m2	MBMJ	MBMJ<模板面积>	☑	建筑工程
4	4-145	定	基础模板 地下室底板、满堂基础 有梁式 复合木模		m2	MBMJ	MBMJ<模板面积>	☑	建筑

图 2.186

②基础后浇带的做法套用,如图 2.187 所示。

	编码	类别	项目名称	项目特征	单位	工程量表达式	表达式说明	措施项目	专业
1	☐ 010508001001	项	后浇带	1、混凝土强度等级:C35/P8 2、混凝土种类:商品混凝土	m3	FBJCHJDTJ+JCLHJDTJ	FBJCHJDTJ〈筏板基础后浇带 体积〉+JCLHJDTJ〈基础梁后 浇带体积〉	☐	建筑工程
2	└ 4-92	定	现浇商品混凝土(泵送) 建筑物混凝 土 后浇带 梁、板厚20cm以上		m3	FBJCHJDTJ+JCLHJDTJ	FBJCHJDTJ〈筏板基础后浇带 体积〉+JCLHJDTJ〈基础梁后 浇带体积〉	☐	建筑
3	☐ 011702030002	项	后浇带	1.地下室后浇带	m2	FBJCHJDMBMJ+ JCLHJDMBMJ	FBJCHJDMBMJ〈筏板基础后浇 带模板面积〉+JCLHJDMBMJ〈 基础梁后浇带模板面积〉	☑	建筑工程
4	└ 4-203	定	建筑物模板 后浇带模板增加费 梁 板(板厚) 20cm以上		m	HJDZXXCD	HJDZXXCD〈后浇带中心线长 度〉	☑	建筑

图 2.187

四、任务结果

汇总计算,统计基础梁、基础后浇带的工程量,如表 2.66 所示。

表 2.66　基础梁、基础后浇带清单定额工程量

序　号	项目编码	项目名称及特征	单　位	工程量
1	010501004002	满堂基础 1.混凝土强度等级:C30 2.混凝土种类:商品混凝土 3.基础类型:有梁式满堂基础 4.抗渗等级:P8	m³	93.275
	4-82 H0433022 0433043	现浇商品混凝土(泵送) 建筑物混凝土 基础梁 换为【泵送商品抗渗混凝土 C30/P8】	10m³	9.3275
2	010508001001	后浇带 1.混凝土强度等级:C35/P8 2.混凝土种类:商品混凝土	m³	12.85
	4-92	现浇商品混凝土(泵送) 建筑物混凝土 后浇带 梁、板厚 20cm 以上	10m³	1.285
3	011702001001	基础 1.有梁式满堂基础	m²	345.4515
	4-145	基础模板 地下室底板、满堂基础 有梁式 复合 木模	100m²	3.4545
4	011702030002	后浇带 1.地下室后浇带	m²	5.2
	4-203	建筑物模板 后浇带模板增加费 梁板(板厚) 20cm 以上	10m	2.38

2.7.3 土方工程量计算

通过本小节的学习,你将能够:
(1)依据清单、定额分析挖土方的计算规则;
(2)定义大开挖土方;
(3)统计挖土方的工程量。

一、任务说明

①完成土方工程的构件定义、做法套用及图元绘制。
②汇总计算土方工程的工程量。

二、任务分析

①哪些地方需要挖土方?
②基础回填土方应该如何计算?

三、任务实施

1)分析图纸

分析结施-3,本工程土方属于大开挖土方,依据定额知道挖土方需要增加工作面 300mm,根据挖土深度需要计算放坡,放坡土方增量按照清单规定计算。

2)清单、定额计算规则学习

(1)清单计算规则(见表 2.67)

表 2.67 土方清单计算规则

编 号	项目名称	单 位	计算规则
010101002	挖一般土方	m³	按设计图示尺寸以体积计算
010101004	挖基础土方	m³	按设计图示尺寸以体积计算
010103001	回填方	m³	按设计图示尺寸以体积计算。 1. 场地回填:回填面积乘平均回填厚度; 2. 室内回填:主墙间面积乘回填厚度,不扣除间隔墙; 3. 基础回填:按挖方清单项目工程量减去自然地坪以下埋设的基础体积(包括基础垫层及其他构筑物)
010103002	余土弃置	m³	按挖方清单工程量减利用回填方体积(正数)计算

(2)定额计算规则(见表2.68)

表2.68　土方定额计算规则

编　号	项目名称	单　位	计算规则
1-35	机械土方 反铲挖掘机挖三类土	m³	按设计图示尺寸以体积计算。考虑放坡和工作面
1-8	人工土方 挖地槽、地坑	m³	按设计图示尺寸以体积计算。考虑放坡
1-18	人工土方 就地回填土	m³	按设计图示尺寸以体积计算
1-66	机械土方 装载机装土	m³	按挖方工程量减利用回填方体积(正数)计算
1-67	机械土方 自卸汽车运土1000m以内	m³	

3)绘制土方

在垫层绘图界面,单击"智能布置"→"筏板基础",然后选中土方,单击右键选择"偏移",整体向外偏移100mm。

4)土方做法套用

单击"土方",切换到属性定义界面。根据大开挖土方,做法套用如图2.188所示。

	编码	类别	项目名称	项目特征	单位	工程量表达式	表达式说明	措施项目	专业
1	⊟ 010101002001	项	挖一般土方	1、土壤类别:三类干土 2、挖土类别:大开挖 3、挖土深度:5m以内 4、弃土运距:1km以内场区调配	m3	TFTJ	TFTJ〈土方体积〉	☑	建筑工程
2	1-35	定	机械土方 反铲挖掘机挖三类土 深度6m以内		m3	TFTJ	TFTJ〈土方体积〉	☑	建筑
3	⊟ 010103002001	项	余方弃置	1.废弃料品种:三类干土 2.运距:5KM	m3	TFTJ-STHTTJ	TFTJ〈土方体积〉-STHTTJ〈素土回填体积〉	☑	建筑工程
4	1-66	定	机械土方 装载机装土		m3	TFTJ	TFTJ〈土方体积〉	☑	建筑
5	1-67	定	机械土方 自卸汽车运土1000m以内		m3	TFTJ	TFTJ〈土方体积〉	☑	建筑

图2.188

四、任务结果

汇总计算,统计基础层土方工程量,如表2.69所示。

表2.69　基础层土方清单定额工程量

序　号	项目编码	项目名称及特征	单　位	工程量
1	010101002001	挖一般土方 1.土壤类别:三类干土 2.挖土类型:大开挖 3.挖土深度:5m以内 4.弃土运距:1km以内场区调配	m³	5690.7239
	1-35	机械土方 反铲挖掘机挖三类土 深度6m以内	1000m³	5.6907

续表

序 号	项目编码	项目名称及特征	单 位	工程量
2	010101004001	挖基坑土方 1. 土壤类别:三类干土 2. 挖土类型:挖地坑 3. 部位:电梯基坑和集水坑 4. 挖土深度:1.5m 以内 5. 弃土运距:1km 内场区调配	m³	63.0963
	1-8	人工土方 挖地槽、地坑 深1.5m 以内 三类土	100m³	0.631
3	010103001001	回填方 1. 土质要求:2:8 灰土 2. 夯填(碾压):夯实	m³	1053.4857
	1-18	人工土方 就地回填土 夯实	100m³	10.5349
4	010103002001	余方弃置 1. 废弃料品种:三类干土 2. 运距:5km	m³	5504.1556
	1-66	机械土方 装载机装土	1000m³	5.5042
	1-67	机械土方 自卸汽车运土1000m 以内	1000m³	5.5042

五、总结拓展

大开挖土方设置边坡系数

①对于大开挖基坑土方,还可以在生成土方图元后对其进行二次编辑,达到修改土方边坡系数的目的。如图2.189所示为一个筏板基础下面的大开挖土方。

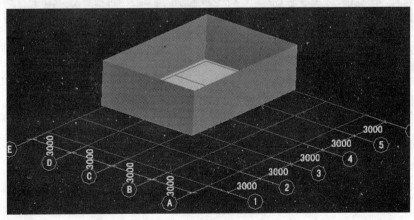

图2.189

②选择功能按钮中"设置放坡系数"→"所有边",再点选该大开挖土方构件,单击右键确认后就会出现"输入放坡系数"对话框。输入实际要求的系数数值后单击"确定"按钮,即可

完成放坡设置,如图 2.190、图 2.191 所示。

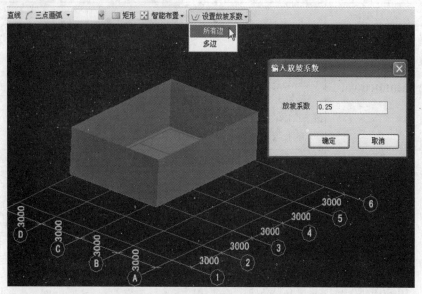

图 2.190

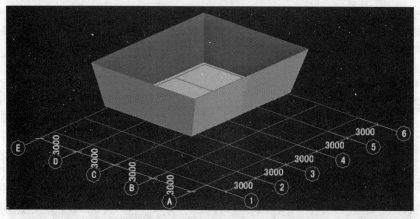

图 2.191

思考与练习

(1)本工程灰土回填是和大开挖一起自动生成的,如果灰土回填不一起自动生成,可以单独布置吗?

(2)斜大开挖土方如何定义与绘制?

2.8 装修工程量计算

通过本节的学习,你将能够:

(1)定义楼地面、天棚、墙面、踢脚、吊顶;

(2)在房间中添加依附构件;

(3)统计各层的装修工程量。

2.8.1　首层装修工程量计算

通过本小节的学习,你将能够:

(1)定义房间;

(2)分类统计首层装修工程量。

一、任务说明

①完成全楼装修工程的楼地面、天棚、墙面、踢脚、吊顶的构件定义及做法套用。

②建立首层房间单元添加依附构件并绘制。

③汇总计算,统计首层装修工程的工程量。

二、任务分析

①楼地面、天棚、墙面、踢脚、吊顶的构件做法在图中什么位置找到?

②各装修做法套用清单和定额时如何正确地编辑工程量表达式?

③装修工程中如何用虚墙分割空间?

④外墙保温如何定义、套用做法? 地下与地上一样吗?

三、任务实施

1)分析图纸

分析建施-0的室内装修做法表,首层有5种装修类型的房间:电梯厅、门厅;楼梯间;接待室、会议室、办公室;卫生间、清洁间;走廊。装修做法有楼面1、楼面2、楼面3、踢脚2、踢脚3、内墙1、内墙2、天棚1、吊顶1、吊顶2。建施-3中有独立柱的装修,设计没有指明独立柱的装修做法,结合图纸修订说明确定做法,首层的独立柱有圆形、矩形。

2)清单、定额计算规则学习

(1)清单计算规则(见表2.70)

表2.70　首层装修清单计算规则

编　号	项目名称	单　位	计算规则
011102003	块料楼地面	m²	按设计图示尺寸以面积计算。门洞、空圈、暖气包槽、壁龛的开口部分并入相应的工程量内
011102001	石材楼地面	m²	按设计图示尺寸以面积计算。门洞、空圈、暖气包槽、壁龛的开口部分并入相应的工程量内

续表

编　号	项目名称	单　位	计算规则
011105003	块料踢脚线	m	1.以平方米计量,按设计图示长度乘高度以面积计算; 2.以米计量,按延长米计算
011105002	石材踢脚线	m	1.以平方米计量,按设计图示长度乘高度以面积计算; 2.以米计量,按延长米计算
011407001	墙面喷刷涂料	m²	按设计图示尺寸以面积计算
011204003	块料墙面	m²	按镶贴表面积计算
011407002	天棚喷刷涂料	m²	按设计图示尺寸以面积计算
011302001	吊顶天棚	m²	按设计图示尺寸以水平投影面积计算。天棚面中的灯槽及跌级、锯齿形、吊挂式、藻井式天棚面积不展开计算。不扣除间壁墙、检查口、附墙烟囱、柱垛和管道所占面积,扣除单个>0.3m²的孔洞、独立柱及与天棚相连的窗帘盒所占的面积

（2）定额计算规则

①楼地面装修定额计算规则（以楼面2为例），如表2.71所示。

表2.71　楼地面装修定额计算规则

编　号	项目名称	单　位	计算规则
10-30	块料楼地面及其他 地砖楼地面	m²	按设计图示尺寸以面积计算。门洞、空圈、暖气包槽、壁龛的开口部分并入相应的工程量内
10-1	整体面层 水泥砂浆找平层	m²	按设计图示尺寸以面积计算。门洞、空圈、暖气包槽、壁龛的开口部分不增加
7-79	柔性防水 涂膜防水 溶剂型防水涂料 聚氨酯	m²	按设计图示尺寸以实铺面积计算
10-7	整体面层 细石混凝土楼地面	m²	按设计图示尺寸以面积计算。门洞、空圈、暖气包槽、壁龛的开口部分不增加

②踢脚定额计算规则，如表2.72所示。

表2.72　踢脚定额计算规则

编　号	项目名称	单　位	计算规则
10-66	石材、块料踢脚线 地砖	m²	按设计图示尺寸以长度乘以高度计算
10-64	石材、块料踢脚线 大理石	m²	按设计图示尺寸以长度乘以高度计算

③内墙面、独立柱装修定额计算规则（以内墙 1 为例），如表 2.73 所示。

表 2.73　内墙面、独立柱装修定额计算规则

编　号	项目名称	单　位	计算规则
11-2	墙面抹灰　一般抹灰　水泥砂浆	m²	按设计图示尺寸以面积计算
14-149	抹灰面调和漆	m²	按设计图示尺寸以面积计算

④天棚、吊顶定额计算规则（以天棚 1、吊顶 1 为例），如表 2.74 所示。

表 2.74　天棚、吊顶定额计算规则

编　号	项目名称	单　位	计算规则
12-4	混凝土面天棚抹灰	m²	按设计图示尺寸以水平投影面积计算
14-149	抹灰面调和漆	m²	按设计图示尺寸以面积计算
12-21	轻钢龙骨、铝合金　龙骨吊顶	m²	按设计图示尺寸以水平投影面积计算
12-53	天棚饰面（基层）矿棉板	m²	按设计图示尺寸以水平投影面积计算

3)装修构件的属性定义

(1)楼地面的属性定义

单击模块导航栏中的"装修"→"楼地面"，在构件列表中单击"新建"→"新建楼地面"，在属性编辑框中输入相应的属性值，如图 2.192 所示。如有房间需要计算防水，要在"是否计算防水"中选择"是"。

(2)踢脚的属性定义

新建踢脚构件的属性定义，如图 2.193 所示。

图 2.192

图 2.193

(3)内墙面的属性定义

新建内墙面构件的属性定义，如图 2.194 所示。

（4）天棚的属性定义

天棚构件的属性定义，如图 2.195 所示。

属性名称	属性值	附加
名称	内墙面1	
所附墙材质	程序自动	☐
块料厚度(	0	☐
起点顶标高	墙顶标高	☐
终点顶标高	墙顶标高	☐
起点底标高	墙底标高	☐
终点底标高	墙底标高	☐
内/外墙面	内墙面	☐
备注		☐
＋ 计算属性		
＋ 显示样式		

图 2.194

属性名称	属性值	附加
名称	顶棚1	
备注		☐
＋ 计算属性		
＋ 显示样式		

图 2.195

（5）吊顶的属性定义

分析建施-9 可知，吊顶 1 距地的高度为 3400mm，如图 2.196 所示。

（6）独立柱的属性定义

独立柱的属性定义，如图 2.197 所示。

属性名称	属性值	附加
名称	吊顶1	
离地高度(	3400	☐
备注		☐
＋ 计算属性		
＋ 显示样式		

图 2.196

属性名称	属性值	附加
名称	独立柱	
块料厚度(	20	☐
顶标高(m)	柱顶标高	☐
底标高(m)	柱底标高	☐
备注		☐
＋ 计算属性		
＋ 显示样式		

图 2.197

（7）房间的属性定义

通过"添加依附构件"建立房间中的装修构件。构件名称下"楼 1"可以切换成"楼 2"或是"楼 3"，其他的依附构件也是同理进行操作，如图 2.198 所示。

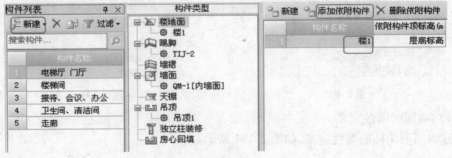

图 2.198

4)做法套用

（1）楼地面的做法套用

①楼面1的做法套用，如图2.199所示。

	编码	类别	项目名称	项目特征	单位	工程量表达式	表达式说明	措施项目	专业
1	⊟ 011102003001	项	块料楼地面 楼面1	1、8-10厚防滑地砖楼面，擦缝 2、15厚1:1水泥砂浆结合层 3、20厚1:3水泥砂浆找平层 4、部位：楼面1 防滑地砖楼地面	m2	KLDMJ	KLDMJ〈块料地面积〉	☐	建筑工程
2	— 10-1	定	整体面层 水泥砂浆找平层 20厚		m2	DMJ	DMJ〈地面积〉	☐	建筑
3	10-30 H800 1121 80011 31	换	块料楼地面及其他 地砖楼地面 周长2000mm以内密缝 换为【107胶纯水泥浆】		m2	KLDMJ	KLDMJ〈块料地面积〉	☐	建筑

图2.199

②楼面2的做法套用，如图2.200所示。

	编码	类别	项目名称	项目特征	单位	工程量表达式	表达式说明	措施项目	专业
1	⊟ 011102003002	项	块料楼地面 楼面2	1、8-10厚防滑地砖楼面，擦缝 2、20厚干硬性砂浆粘结层 3、20厚1:3水泥砂浆找平层 4、30厚C15砼 5、部位：楼面2 防滑地砖防水楼地面	m2	KLDMJ	KLDMJ〈块料地面积〉	☐	建筑工程
2	— 10-30	定	块料楼地面及其他 地砖楼地面 周长2000mm以内密缝		m2	KLDMJ	KLDMJ〈块料地面积〉	☐	建筑
3	10-1 H8001 081 800110	换	整体面层 水泥砂浆找平层 20厚 换为【干硬水泥砂浆 1:2】		m2	DMJ	DMJ〈地面积〉	☐	建筑
4	7-79	定	柔性防水 涂膜防水 溶剂型防水涂料 聚氨酯 厚1.5 平面		m2	DMJ	DMJ〈地面积〉	☐	建筑
5	10-1	定	整体面层 水泥砂浆找平层 20厚		m2	DMJ	DMJ〈地面积〉	☐	建筑
6	10-7 H8021 011 802100 1	换	整体面层 细石混凝土楼地面 厚30 换为【现浇现拌混凝土 碎石（最大粒径:16mm）混凝土强度等级 C15】		m2	DMJ	DMJ〈地面积〉	☐	建筑

图2.200

③楼面3的做法套用，如图2.201所示。

	编码	类别	项目名称	项目特征	单位	工程量表达式	表达式说明	措施项目	专业
1	⊟ 011102001001	项	石材楼地面 楼面3	1、大理石楼面，纯水泥浆擦缝 2、20厚1:2.5水泥砂浆结合层 3、20厚1:3水泥砂浆找平层 4、部位：楼面3 大理石楼地面	m2	KLDMJ	KLDMJ〈块料地面积〉	☐	建筑工程
2	— 10-16	定	石材楼地面 大理石楼地面		m2	KLDMJ	KLDMJ〈块料地面积〉	☐	建筑
3	10-1 D30, H 8001081 80 01111	换	整体面层 水泥砂浆找平层 20厚 实际厚度(mm):30 换为【干硬水泥砂浆 1:3】		m2	DMJ	DMJ〈地面积〉	☐	建筑

图2.201

（2）踢脚的做法套用

①踢脚1的做法套用，如图2.202所示。

	编码	类别	项目名称	项目特征	单位	工程量表达式	表达式说明	措施项目	专业
1	⊟ 011105001001	项	水泥砂浆踢脚线	1、踢脚线高度：100 2、底层厚度、砂浆配合比：8厚1:3水泥砂浆 3、面层厚度、砂浆配合比：6厚1:2.5水泥砂浆	m2	TJKLMJ	TJKLMJ〈踢脚块料面积〉	☐	建筑工程
2	10-61 H800 1061 80010	换	水泥砂浆、水磨石踢脚线 水泥砂浆 换为【水泥砂浆 1:2.5】		m2	TJMHMJ	TJMHMJ〈踢脚抹灰面积〉	☐	建筑

图2.202

②踢脚 2 的做法套用,如图 2.203 所示。

	编码	类别	项目名称	项目特征	单位	工程量表达式	表达式说明	措施项目	专业
1	011105003001	项	块料踢脚线	1、踢脚线高度:100 2、底层厚度、砂浆配合比:5厚1:3水泥砂浆 3、粘结层厚度、材料种类:8厚1:2水泥砂浆(内掺建筑胶) 结合层 面层材料品种、规格、品牌、颜色: 600×600黑色色地砖 5、素水泥浆擦缝	m2	TJKLMJ	TJKLMJ〈踢脚块料面积〉	□	建筑工程
2	10-66 H800 1061 80010 81, H800112	换	石材、块料踢脚线 地砖 换为【水泥砂浆 1:3】 换为【107胶纯水泥浆】		m2	TJKLMJ	TJKLMJ〈踢脚块料面积〉	□	建筑

图 2.203

③踢脚 3 的做法套用,如图 2.204 所示。

	编码	类别	项目名称	项目特征	单位	工程量表达式	表达式说明	措施项目	专业
1	011105002001	项	石材踢脚线	1、踢脚线高度:100 2、粘贴层厚度、材料种类:10厚水泥砂浆(内掺建筑胶) 3、面层材料品种、规格、品牌、颜色: 深色大理石 4、稀水泥浆擦缝	m2	TJKLMJ	TJKLMJ〈踢脚块料面积〉	□	建筑工程
2	10-64 H800 1121 80011	换	石材、块料踢脚线 大理石 换为【107胶纯水泥浆】		m2	TJKLMJ	TJKLMJ〈踢脚块料面积〉	□	建筑

图 2.204

（3）内墙面的做法套用

①内墙 1 的做法套用,如图 2.205 所示。

	编码	类别	项目名称	项目特征	单位	工程量表达式	表达式说明	措施项目	专业
1	011201001001	项	墙面一般抹灰	1、墙体: 直形内墙 2、喷水性耐擦洗涂料 3、5厚1: 2.5水泥砂浆找平 4、9厚1: 3水泥砂浆打底	m2	QMMHMJ	QMMHMJ〈墙面抹灰面积〉	□	建筑工程
2	11-2	定	墙面抹灰 一般抹灰 水泥砂浆 14+6		m2	QMMHMJ	QMMHMJ〈墙面抹灰面积〉	□	建筑
3	14-149	定	抹灰面调和漆 墙、柱、天棚面等 二遍		m2	QMMHMJ	QMMHMJ〈墙面抹灰面积〉	□	建筑

图 2.205

②内墙 2 的做法套用,如图 2.206 所示。

	编码	类别	项目名称	项目特征	单位	工程量表达式	表达式说明	措施项目	专业
1	011204003001	项	块料墙面	1、底层厚度、砂浆配合比:8厚1:2.5水泥砂浆 2、贴结层厚度、材料种类:5厚1:2水泥砂浆 3、面层材料品种、规格、品牌、颜色: 200×300釉面砖 4、缝宽、嵌缝材料种类:白水泥擦缝	m2	QMKLMJ	QMKLMJ〈墙面块料面积〉	□	建筑工程
2	11-55	定	墙面镶贴石材、块料 瓷砖(水泥砂浆粘贴) 周长1200mm 以内		m2	QMKLMJ	QMKLMJ〈墙面块料面积〉	□	建筑
3	11B-1	补	补充子目		m	QMMHMJ	QMMHMJ〈墙面抹灰面积〉	□	

图 2.206

（4）天棚的做法套用

①天棚 1 的做法套用,如图 2.207 所示。

	编码	类别	项目名称	项目特征	单位	工程量表达式	表达式说明	措施项目	专业
1	011301001002	项	天棚抹灰	喷水性耐擦先涂料 2厚纸筋灰面层 3、5厚1∶0.5∶3水泥石膏砂浆扫毛 基层：混凝土板	m2	TPMHMJ	TPMHMJ〈天棚抹灰面积〉	☐	建筑工程
2	14-149	定	抹灰面调和漆 墙、柱、天棚面等 二遍		m2	TPMHMJ	TPMHMJ〈天棚抹灰面积〉	☐	建筑
3	12-4	定	混凝土面天棚抹灰 水泥石灰纸筋砂浆底 纸筋灰面		m2	TPMHMJ	TPMHMJ〈天棚抹灰面积〉	☐	建筑

图 2.207

②门厅外顶棚的做法套用,如图 2.208 所示。

	编码	类别	项目名称	项目特征	单位	工程量表达式	表达式说明	措施项目	专业
1	011301001002	项	天棚抹灰	喷水性耐擦先涂料 2厚纸筋灰面层 3、5厚1∶0.5∶3水泥石膏砂浆扫毛 基层：混凝土板	m2	TPMHMJ	TPMHMJ〈天棚抹灰面积〉	☐	建筑工程
2	14-149	定	抹灰面调和漆 墙、柱、天棚面等 二遍		m2	TPMHMJ	TPMHMJ〈天棚抹灰面积〉	☐	建筑
3	12-4	定	混凝土面天棚抹灰 水泥石灰纸筋砂浆底 纸筋灰面		m2	TPMHMJ	TPMHMJ〈天棚抹灰面积〉	☐	建筑

图 2.208

(5)吊顶的做法套用

①吊顶 1 的做法套用,如图 2.209 所示。

	编码	类别	项目名称	项目特征	单位	工程量表达式	表达式说明	措施项目	专业
1	011302001001	项	天棚吊顶	Φ6钢筋吊杆,双向中距900-1200 钢筋混凝土板内预留Φ6铁环,双向中距900-1200 0.5-0.8厚铝合金条板面层 中龙骨50×19×0.5中距<1200 大龙骨[60×30×1.5 (吊点附吊挂) 中距<1200	m2	DDMJ	DDMJ〈吊顶面积〉	☐	建筑工程
2	12-16	定	轻钢龙骨、铝合金龙骨吊顶 轻钢龙骨(U38型)平面		m2	DDMJ	DDMJ〈吊顶面积〉	☐	建筑
3	12-25	定	轻钢龙骨、铝合金龙骨吊顶 铝合金条板天棚 离缝		m2	DDMJ	DDMJ〈吊顶面积〉	☐	建筑

图 2.209

②吊顶 2 的做法套用,如图 2.210 所示。

	编码	类别	项目名称	项目特征	单位	工程量表达式	表达式说明	措施项目	专业
1	011302001001	项	天棚吊顶	铝合金中龙骨双向中距1000 钢筋混凝土板内埋Φ铁环,双向中距1000 1.500×500×18矿棉板 铝合金横撑[25×22×1.3或⊥23×23×1.3,中距500	m2	DDMJ	DDMJ〈吊顶面积〉	☐	建筑工程
2	12-21	定	轻钢龙骨、铝合金龙骨吊顶 T型铝合金龙骨		m2	DDMJ	DDMJ〈吊顶面积〉	☐	建筑
3	12-53	定	天棚饰面(基层) 矿棉板		m2	DDMJ	DDMJ〈吊顶面积〉	☐	建筑

图 2.210

(6)独立柱装修做法套用

①矩形柱的做法套用,如图 2.211 所示。

编码	类别	项目名称	项目特征	单位	工程量表达式	表达式说明	措施项目	专业
1	011202001001	项	柱面一般抹灰	1.柱体类型：砼 2.底层厚度、砂浆配合比：1 4厚1:1:6混合砂浆 3.面层厚度、砂浆配合比：6 厚1:1:4混合砂浆 4.装饰面材料种类：调和漆 二遍	m2	DLZMHMJ	DLZMHMJ〈独立柱抹灰面积〉	☐	建筑工程
2	11-14	定	柱、梁面抹灰 一般抹灰 混合砂浆 14+6		m2	DLZMHMJ	DLZMHMJ〈独立柱抹灰面积〉	☑	建筑
3	14-149	定	抹灰面调和漆 墙、柱、天棚面等 二遍		m2	DLZMHMJ	DLZMHMJ〈独立柱抹灰面积〉	☑	建筑

图 2.211

②圆形柱的做法套用,如图 2.212 所示。

编码	类别	项目名称	项目特征	单位	工程量表达式	表达式说明	措施项目	专业
1	011205001001	项	石材柱面	1.柱体材料：砼 2.柱截面类型、尺寸：圆形 3.面层酸洗打蜡 4、10-20厚大理石板 5、10厚1:3水泥砂浆粘贴 6、15厚1:3水泥砂浆打底抹灰	m2	DLZKLMJ	DLZKLMJ〈独立柱块料面积〉	☐	建筑工程
2	11-72	定	柱面镶贴石材、块料 湿挂 圆柱		m2	DLZKLMJ	DLZKLMJ〈独立柱块料面积〉	☑	建筑
3	11-19	定	柱、梁面抹灰 勾缝、抹底灰 水泥 砂浆抹底灰 15		m2	DLZMHMJ	DLZMHMJ〈独立柱抹灰面积〉	☑	建筑
4	11-110	定	零星镶贴石材、块料及其他 石料面 层酸洗打蜡		m2	DLZKLMJ	DLZKLMJ〈独立柱块料面积〉	☐	建筑

图 2.212

5)房间的绘制

(1)点画

按照建施-3 中房间的名称,选择软件中建立好的房间,在要布置装修的房间单击一下,房间中的装修即自动布置上去。绘制好的房间用三维查看一下效果,如图 2.213 所示。不同墙的材质其内墙面图元的颜色不一样,混凝土墙的内墙面装修默认为黄色。

图 2.213

(2)独立柱的装修图元的绘制

在模块导航栏中选择"独立柱装修"→"矩形柱",单击"智能布置"→"柱",选中独立柱,单击右键,独立柱装修绘制完毕,如图 2.214、图 2.215 所示。

图 2.214　　　　　　　　　　　　　图 2.215

（3）定义立面防水高度

切换到楼地面的构件，单击"定义立面防水高度"，单击卫生间的四面，选中要设置的立面防水的边变成蓝色，单击右键确认，弹出如图 2.216 所示"请输入立面防水高度"的对话框，输入"300"，单击"确定"按钮，立面防水图元绘制完毕，绘制结果如图 2.217 所示。

图 2.216

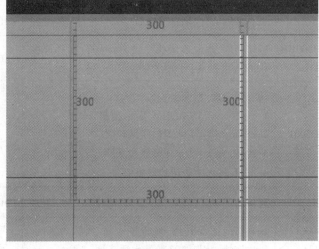

图 2.217

四、任务结果

点画绘制首层所有的房间,保存并汇总计算,统计本层装修的工程量,如表 2.75 所示。

表 2.75　首层装修清单定额工程量

序　号	项目编码	项目名称及特征	单　位	工程量
1	010904002001	楼(地)面涂膜防水 1. 涂膜品种:1.5mm 厚聚氨酯涂膜防水 2. 防水部位:楼地面 3. 翻边高度:150mm	m²	62.24
	7-79	柔性防水 涂膜防水 溶剂型防水涂料 聚氨酯 厚 1.5 平面	100m²	0.6224
2	011101001002	水泥砂浆楼地面 1. 找平层厚度、砂浆配合比:20mm 厚 1:2 水泥砂浆找平 2. 面层厚度、砂浆配合比:20mm 厚 1:3 水泥砂浆地面 3. 部位:管井	m²	6.945
	10-1	整体面层 水泥砂浆找平层 20mm 厚	100m²	0.0695
	10-3	整体面层 水泥砂浆楼地面 20mm 厚	100m²	0.0695
3	011102001001	石材楼地面 楼面 3 1. 大理石楼面,纯水泥浆擦缝 2. 20mm 厚 1:2.5 水泥砂浆结合层 3. 20mm 厚 1:3 水泥砂浆找平层 4. 部位:楼面 3 大理石楼地面	m²	504.79
	10-16	石材楼地面 大理石楼地面	100m²	5.0479
	10-1 D30,H8001081 8001111	整体面层 水泥砂浆找平层 20mm 厚 实际厚度(mm):30 换为【干硬水泥砂浆 1:3】	100m²	5.0659
4	011102003001	块料楼地面 楼面 1 1. 8~10mm 厚防滑地砖楼面,擦缝 2. 15mm 厚 1:1 水泥砂浆结合层 3. 20mm 厚 1:3 水泥砂浆找平层 4. 部位:楼面 1 防滑地砖楼地面	m²	187.9188
	10-1	整体面层 水泥砂浆找平层 20mm 厚	100m²	1.8624
	10-30 H8001121 8001131	块料楼地面及其他 地砖楼地面 周长 2000mm 以内密缝 换为【107 胶纯水泥浆】	100m²	1.8792

续表

序 号	项目编码	项目名称及特征	单 位	工程量
5	011102003002	块料楼地面 楼面2 1. 8~10mm厚防滑地砖楼面,擦缝 2. 20mm厚干硬性砂浆粘结层 3. 20mm厚1:3水泥砂浆找平层 4. 30mm厚C15混凝土 5. 部位:楼面2 防滑地砖防水楼地面	m²	64.985
	10-30	块料楼地面及其他 地砖楼地面 周长2000mm以内密缝	100m²	0.6499
	10-1 H8001081 8001101	整体面层 水泥砂浆找平层20mm厚 换为【干硬水泥砂浆1:2】	100m²	0.6521
	7-79	柔性防水 涂膜防水 溶剂型防水涂料 聚氨酯厚1.5mm平面	100m²	0.6521
	10-1	整体面层 水泥砂浆找平层 20mm厚	100m²	0.6521
	10-7 H8021011 8021001	整体面层 细石混凝土楼地面 厚30mm 换为【现浇现拌混凝土 碎石(最大粒径:16mm)混凝土强度等级C15】	100m²	0.6521
6	011102003004	块料楼地面 平台 1. 5~10mm厚防滑地砖楼面,擦缝 2. 20mm厚1:3水泥砂浆找平层 3. 部位:平台	m²	1.3275
	10-30 H8001121 8001131	块料楼地面及其他 地砖楼地面 周长2000mm以内密缝 换为【107胶纯水泥浆】	100m²	0.0133
	10-1	整体面层 水泥砂浆找平层20mm厚	100m²	0.0133
7	011105002001	石材踢脚线 1. 稀水泥浆擦缝 2. 10~20mm厚大理石板 3. 10mm厚1:2水泥砂浆(内掺建筑胶)灌缝	m²	31.8325
	10-64 H8001121 8001131	石材、块料踢脚线 大理石 换为【107胶纯水泥浆】	100m²	0.3183

续表

序 号	项目编码	项目名称及特征	单 位	工程量
8	011105003001	块料踢脚线 1. 素水泥浆擦缝 2. 600mm×600mm 黑色地砖 3. 8mm 厚 1∶2 水泥砂浆(内掺建筑胶)结合层 4. 5mm 厚 1∶3 水泥砂浆打底	m²	3. 8075
	10-66 H8001061 8001081,H8001121 8001131	石材、块料踢脚线 地砖 换为【水泥砂浆 1∶3】 换为【107 胶纯水泥浆】	100m²	0. 0381
9	011201001001	墙面一般抹灰 1. 墙体:直形内墙 2. 喷水性耐擦洗涂料 3. 5mm 厚 1∶2. 5 水泥砂浆找平 4. 9mm 厚 1∶3 水泥砂浆打底	m²	990. 6967
	11-2	墙面抹灰 一般抹灰 水泥砂浆(14+6)mm	100m²	9. 907
	14-149	抹灰面调和漆 墙、柱、天棚面等 二遍	100m²	9. 907
10	011201002001	墙面装饰抹灰 直形墙 1. 墙体:外墙面 直形墙 2. 喷外墙仿石型涂料 3. 12mm 厚 1∶3 水泥砂浆抹面 4. 10mm 厚 1∶2. 5 水泥砂浆打底	m²	351. 5225
	14-169	涂料 外墙涂料 仿石型涂料	100m²	3. 5152
	11-4	墙面抹灰 装饰抹灰 斩假石(12+10)mm	100m²	3. 5152
11	011205001001	石材柱面 1. 柱体材料:混凝土 2. 柱截面类型、尺寸:圆柱 3. 面层酸洗打蜡 4. 10～20mm 厚大理石板 5. 10mm 厚 1∶3 水泥砂浆粘贴 6. 15mm 厚 1∶3 水泥砂浆打底抹灰	m²	81. 1917
	11-72	柱面镶贴石材、块料 湿挂 圆柱	100m²	0. 8119
	11-19	柱、梁面抹灰 勾缝、抹底灰 水泥砂浆抹底灰 15	100m²	0. 8119
	11-110	零星镶贴石材、块料及其他 石料面层酸洗打蜡	100m²	0. 8119

续表

序　号	项目编码	项目名称及特征	单　位	工程量
12	011202001001	柱面一般抹灰 1.柱体类型:矩形混凝土柱 2.刷调和漆二遍 3.6mm厚1:1:4混合砂浆抹面 4.14mm厚1:1:6混合砂浆打底	m²	33.6
	11-14	柱、梁面抹灰 一般抹灰 混合砂浆(14+6)mm	100m²	0.336
	14-149	抹灰面调和漆 墙、柱、天棚面等 二遍	100m²	0.336
13	011204003001	块料墙面 1.5mm厚釉面砖白水泥浆擦缝 2.5mm厚1:2水泥砂浆结合层 3.6mm厚1:2.5水泥砂浆打底 4.刷界面处理剂一道	m²	294.4221
	11-55	墙面镶贴石材、块料 瓷砖(水泥砂浆粘贴)周长1200mm以内	100m²	2.9442
	11-8	墙面抹灰 勾缝、抹底灰 水泥砂浆抹底灰	m²	288.7931
14	011301001002	天棚抹灰 1.喷水性耐擦洗涂料 2.2mm厚纸筋灰罩面 3.5mm厚1:0.5:3水泥石膏砂浆扫毛	m²	265.9473
	14-149	抹灰面调和漆 墙、柱、天棚面等 两遍	100m²	2.6603
	12-4	混凝土面天棚抹灰 水泥石灰纸筋砂浆底 纸筋灰面	100m²	2.6603
15	011302001001	天棚吊顶1 1.0.5~0.8mm厚铝合金条板面层 2.中龙骨U50×19×0.5 中距<1200 3.大龙骨[60×30×1.5(吊点附吊挂)中距<1200mm 4.φ8钢筋吊杆,双向中距900~1200mm 5.钢筋混凝土板内预留φ6铁环,双向中距900~1200mm	m²	452.1044
	12-16	轻钢龙骨、铝合金龙骨吊顶 轻钢龙骨(U38型)平面	100m²	4.521
	12-25	轻钢龙骨、铝合金龙骨吊顶 铝合金条板天棚 离缝	100m²	4.521

续表

序 号	项目编码	项目名称及特征	单 位	工程量
16	011302001001	天棚吊顶2 1. 500mm×500mm×18mm 矿棉板 2. 铝合金横撑 ⊥25×22×1.3 或 ⊥23×23×1.3,中距 500mm 3. 铝合金中龙骨双向中距 1000mm 4. 钢筋混凝土板内埋 $\phi6$ 铁环,双向中距 1000mm	m²	163.8669
	12-21	轻钢龙骨、铝合金龙骨吊顶 T形铝合金龙骨	100m²	1.6387
	12-53	天棚饰面(基层)矿棉板	100m²	1.6387

五、总结拓展

装修的房间必为封闭

在绘制房间图元时,要保证房间必须是封闭的,否则会弹出如图 2.218 所示"确认"对话框,在 MQ1 的位置绘制一道虚墙。

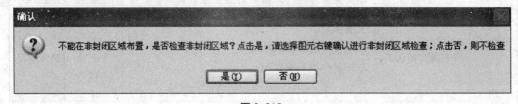

图 2.218

思考与练习

(1)虚墙是否计算内墙面工程量?

(2)虚墙是否影响楼面的面积?

2.8.2 其他层装修工程量的计算

通过本小节的学习,你将能够:

(1)分析软件在计算装修时的计算思路;

(2)计算各层装修工程量。

一、任务说明

完成其他楼层装修工程的工程量计算。

二、任务分析

①首层做法与其他楼层有何不同？

②装修工程量的计算与主体构件的工程量计算有何不同？

三、任务实施

1)分析图纸

由建施-0 中室内装修做法表可知,地下一层所用的装修做法和首层装修做法基本相同,地面做法为地面 1、地面 2、地面 3。二层至机房层装修做法基本和首层的装修做法相同,可以把首层构件复制到其他楼层,然后重新组合房间即可。

由建施-2 可知,地下一层地面为-3.6m;由结施-3 可知,地下室底板顶标高为-4.4m,回填标高范围为 4.4m-3.6m-地面做法厚度。

2)清单、定额计算规则学习

(1)清单计算规则(见表 2.76)

表 2.76　其他层装修清单计算规则

编　号	项目名称	单　位	计算规则
011101003	细石混凝土楼地面	m²	按设计图示尺寸以面积计算。扣除凸出地面构筑物、设备基础、室内铁道、地沟等所占面积,不扣除间壁墙及≤0.3m² 柱、垛、附墙烟囱及孔洞所占面积。门洞、空圈、暖气包槽、壁龛的开口部分不增加面积
011101001	水泥砂浆楼地面	m²	按设计图示尺寸以面积计算。扣除凸出地面构筑物、设备基础、室内铁道、地沟等所占面积,不扣除间壁墙及≤0.3m² 柱、垛、附墙烟囱及孔洞所占面积。门洞、空圈、暖气包槽、壁龛的开口部分不增加面积
010103001	回填方	m³	按设计图示尺寸以体积计算。 1.场地回填:回填面积乘平均回填厚度; 2.室内回填:主墙间面积乘回填厚度,不扣除间隔墙; 3.基础回填:按挖方清单项目工程量减去自然地坪以下埋设的基础体积(包括基础垫层及其他构筑物)

(2)定额计算规则(以地面 1 为例,见表 2.77)

表 2.77　其他层装修定额计算规则

编　号	项目名称	单　位	计算规则
3-10	砂石垫层 碎石垫层 灌浆	m³	按设计图示尺寸以体积计算
10-7	整体面层 细石混凝土楼地面	m²	按设计图示尺寸以面积计算,门洞、空圈、暖气包槽、壁龛的开口部分不增加面积

3）房心回填属性定义

在模块导航栏中单击"土方"→"房心回填"，在构件列表中单击"新建"→"新建房心回填"，其属性定义如图 2.219 所示。

属性名称	属性值	附加
名称	FXHT-610	
厚度(mm)	610	
顶标高(m)	层底标高+	
回填方式	夯填	
备注		
计算属性		
显示样式		

图 2.219

4）房心回填的画法讲解

房心回填采用点画法绘制。

四、任务结果

汇总计算，统计其他层的装修工程量，如表 2.78 所示。

表 2.78　其他层装修清单定额工程量

序　号	项目编码	项目名称及特征	单　位	工程量
1	010103001002	回填方-房心回填 1. 土质要求：素土 2. 夯填(碾压)：夯实	m³	574.0962
	1-18	人工土方　就地回填土　夯实	100m³	5.741
2	010404001001	垫层 1. 150mm 厚碎石灌浆垫层	m³	79.1985
	3-10	砂石垫层　碎石垫层　灌浆	10m³	7.9199
3	010903001002	墙面卷材防水 1. 涂膜品种：湿铺法，自粘型防水卷材 2. 防水部位：外墙防水	m²	32.7145
	7-64	柔性防水　卷材防水　湿铺法防水卷材　自粘卷材　立面	100m²	0.3271
4	010903002001	墙面涂膜防水 1. 涂膜品种：1.5mm 厚聚氨酯涂膜防水 2. 防水部位：风井外墙外立面	m²	6.26
	7-80	柔性防水　涂膜防水　溶剂型防水涂料　聚氨酯　厚 1.5mm 立面	100m²	0.0626

续表

序　号	项目编码	项目名称及特征	单　位	工程量
5	010904002001	楼(地)面涂膜防水 1.涂膜品种:1.5mm 厚聚氨酯涂膜防水 2.防水部位:楼地面 3.翻边高度:150mm	m²	186.72
	7-79	柔性防水　涂膜防水　溶剂型防水涂料　聚氨酯　厚1.5mm　平面	100m²	1.8672
6	011101001001	水泥砂浆楼地面　地面2 1.20mm 厚1:2.5 水泥砂浆压实抹光 2.30mm 厚 C15 混凝土随打随抹 3.部位:地面2	m²	342.6888
	10-3 H8001061 8001071	整体面层　水泥砂浆楼地面 20mm 厚　换为【水泥砂浆1:2.5】	100m²	3.4269
	10-7 D60,H8021011 8021001	整体面层　细石混凝土楼地面　厚30mm 实际厚度(mm):60　换为【现浇现拌混凝土　碎石(最大粒径:16mm)混凝土强度等级 C15】	100m²	3.4269
	7-69	柔性防水　涂膜防水　刷热沥青一道　平面	100m²	3.4269
7	011101001002	水泥砂浆楼地面 1.20mm 厚1:2 水泥砂浆找平 2.20mm 厚1:3 水泥砂浆地面 3.部位:管井	m²	28.7438
	10-1	整体面层　水泥砂浆找平层 20mm 厚	100m²	0.2874
	10-3	整体面层　水泥砂浆楼地面 20mm 厚	100m²	0.2874
8	011101003001	细石混凝土楼地面　地面1 1.40mm 厚 C20 细石混凝土,表面撒1:2 水泥中粗砂压实抹光 2.部位:地面1	m²	494.1463
	3-10 H8005011 8005001	砂石垫层　碎石垫层　灌浆　换为【混合砂浆 M2.5】	10m³	7.4122
	10-7 D40	整体面层　细石混凝土楼地面　厚30mm 实际厚度(mm):40	100m²	4.9415

续表

序 号	项目编码	项目名称及特征	单 位	工程量
9	011102001001	石材楼地面 楼面3 1. 大理石楼面,纯水泥浆擦缝 2. 20mm 厚 1:2.5 水泥砂浆 3. 20mm 厚 1:3 水泥砂浆找平层 4. 部位:楼面3大理石楼地面	m²	1836.3168
	10-16	石材楼地面 大理石楼地面	100m²	18.3632
	10-1 D30,H8001081 8001111	整体面层 水泥砂浆找平层 20mm 厚 实际厚度 (mm):30 换为【干硬水泥砂浆 1:3】	100m²	18.4231
10	011102003001	块料楼地面 楼面1 1. 8～10mm 厚防滑地砖楼面,擦缝 2. 15mm 厚 1:1 水泥砂浆结合层 3. 20mm 厚 1:3 水泥砂浆找平层 4. 部位:楼面1防滑地砖楼地面	m²	177.34
	10-1	整体面层 水泥砂浆找平层 20mm 厚	100m²	1.75
	10-30 H8001121 8001131	块料楼地面及其他 地砖楼地面 周长 2000mm 以内密缝 换为【107 胶纯水泥浆】	100m²	1.7734
11	011102003002	块料楼地面 楼面2 1. 8～10mm 厚防滑地砖楼面,擦缝 2. 20mm 厚干硬性砂浆粘结层 3. 20mm 厚 1:3 水泥砂浆找平层 4. 30mm 厚 C15 混凝土 5. 部位:楼面2防滑地砖防水楼地面	m²	147.225
	10-30	块料楼地面及其他 地砖楼地面 周长 2000mm 以内密缝	100m²	1.4723
	10-1 H8001081 8001101	整体面层 水泥砂浆找平层 20mm 厚 换为【干 硬水泥砂浆 1:2】	100m²	1.4753
	7-79	柔性防水 涂膜防水 溶剂型防水涂料 聚氨酯 厚 1.5mm 平面	100m²	1.4753
	10-1	整体面层 水泥砂浆找平层 20mm 厚	100m²	1.4753
	10-7 H8021011 8021001	整体面层 细石混凝土楼地面 厚 30mm 换为 【现浇现拌混凝土 碎石(最大粒径:16mm)混凝 土强度等级 C15】	100m²	1.4753

续表

序号	项目编码	项目名称及特征	单位	工程量
12	011102003003	块料楼地面 地面3 1.防滑地砖地面 2.20mm 厚 1：3 水泥砂浆找平 3.50mm 厚 C10 混凝土 4.150mm 厚碎石灌浆垫层 5.部位：地面3	m²	27.5125
	10-30	块料楼地面及其他 地砖楼地面 周长 2000mm 以内密缝	100m²	0.2751
	10-7 D50，H8021011 8021191	整体面层 细石混凝土楼地面 厚30 实际厚度（mm）：50 换为【现浇现拌混凝土 碎石（最大粒径：40mm）混凝土强度等级 C10】	100m²	0.2763
	10-1	整体面层 水泥砂浆找平层 20mm 厚	100m²	0.2763
13	011105001001	水泥砂浆踢脚线 1.8mm 厚 1：3 水泥砂浆面 2.6mm 厚 1：2.5 水泥砂浆打底	m²	52.4472
	10-61 H8001061 8001071	水泥砂浆、水磨石踢脚线 水泥砂浆 换为【水泥砂浆 1：2.5】	100m²	0.5364
14	011105002001	石材踢脚线 1.稀水泥浆擦缝 2.10～20mm 厚大理石板 3.10mm 厚 1：2 水泥砂浆（内掺建筑胶）灌缝	m²	101.7727
	10-64 H8001121 8001131	石材、块料踢脚线 大理石 换为【107 胶纯水泥浆】	100m²	1.0177
15	011105003001	块料踢脚线 1.素水泥浆擦缝 2.600mm×600mm 黑色地砖 3.8mm 厚 1：2 水泥砂浆（内掺建筑胶）结合层 4.5mm 厚 1：3 水泥砂浆打底	m²	22.285
	10-66 H8001061 8001081，H8001121 8001131	石材、块料踢脚线 地砖 换为【水泥砂浆 1：3】换为【107 胶纯水泥浆】	100m²	0.2229

续表

序　号	项目编码	项目名称及特征	单位	工程量
16	011106002001	块料楼梯面层 1.5~10mm 厚防滑地砖楼面,擦缝 2.20mm 厚1:3 水泥砂浆找平层	m²	46.8088
	10-30 H8001121 8001131	块料楼地面及其他 地砖楼地面 周长2000mm以内密缝 换为【107胶纯水泥浆】	100m²	0.4645
	10-1	整体面层 水泥砂浆找平层 20mm 厚	100m²	0.4681
17	011106002001	块料楼梯面层 1.5~10mm 厚防滑地砖楼面,擦缝 2.20mm 厚1:3 水泥砂浆找平层	m²	14.42
	10-1	整体面层 水泥砂浆找平层 20mm 厚	100m²	0.1449
	10-7 D50,H8021011 8021191	整体面层 细石混凝土楼地面 厚30 实际厚度（mm）:50 换为【现浇现拌混凝土 碎石（最大粒径:40mm）混凝土强度等级 C10】	100m²	0.1449
	10-30	块料楼地面及其他 地砖楼地面 周长2000mm以内密缝	100m²	0.1442
18	011201001001	墙面一般抹灰 1.墙体:直形内墙 2.喷水性耐擦洗涂料 3.5mm 厚1:2.5 水泥砂浆找平 4.9mm 厚1:3 水泥砂浆打底	m²	4235.2736
	11-2	墙面抹灰 一般抹灰 水泥砂浆（14+6）mm	100m²	42.3527
	14-149	抹灰面调和漆 墙、柱、天棚面等 两遍	100m²	42.3527
19	011201002001	墙面装饰抹灰 直形墙 1.墙体:外墙面 直形墙 2.喷外墙仿石型涂料 3.12mm 厚1:3 水泥砂浆抹面 4.10mm 厚1:2.5 水泥砂浆打底	m²	1476.7679
	14-169	涂料 外墙涂料 仿石型涂料	100m²	14.7677
	11-4	墙面抹灰 装饰抹灰 斩假石（12+10）mm	100m²	14.7677

续表

序 号	项目编码	项目名称及特征	单 位	工程量
20	011201002002	墙面装饰抹灰 直形墙 1.墙体:外墙面 风井 2.喷外墙仿石型涂料 3.12mm 厚1:3 水泥砂浆抹面 4.10mm 厚1:2.5 水泥砂浆打底	m²	6.26
	14-169	涂料 外墙涂料 仿石型涂料	100m²	0.0626
	11-4	墙面抹灰 装饰抹灰 斩假石(12+10)mm	100m²	0.0626
	7-80	柔性防水 涂膜防水 溶剂型防水涂料 聚氨酯 厚1.5mm 立面	100m²	0.0626
21	011205001001	石材柱面 1.柱体材料:混凝土 2.柱截面类型、尺寸:圆柱 3.面层酸洗打蜡 4.10~20mm 厚大理石板 5.10mm 厚1:3 水泥砂浆粘贴 6.15mm 厚1:3 水泥砂浆打底抹灰	m²	34.5544
	11-72	柱面镶贴石材、块料 湿挂 圆柱	100m²	0.3455
	11-19	柱、梁面抹灰 勾缝、抹底灰 水泥砂浆抹底灰15	100m²	0.3455
	11-110	零星镶贴石材、块料及其他 石料面层酸洗打蜡	100m²	0.3455
22	011202001001	柱面一般抹灰 1.柱体类型:混凝土 2.底层厚度、砂浆配合比:14mm 厚1:1:6 混合砂浆 3.面层厚度、砂浆配合比:6mm 厚1:1:4 混合砂浆 4.装饰面材料种类:调和漆两遍	m²	138.9826
	11-14	柱、梁面抹灰 一般抹灰 混合砂浆(14+6)mm	100m²	1.3898
	14-149	抹灰面调和漆 墙、柱、天棚面等 两遍	100m²	1.3898

续表

序　号	项目编码	项目名称及特征	单　位	工程量
23	011204003001	块料墙面 1. 5mm 厚釉面砖白水泥浆擦缝 2. 5mm 厚 1：2 水泥砂浆结合层 3. 6mm 厚 1：2.5 水泥砂浆打底 4. 刷界面处理剂一道	m²	1129.0857
	11-55	墙面镶贴石材、块料 瓷砖（水泥砂浆粘贴）周长1200mm 以内	100m²	11.2909
	11B-1	补充子目	m	1120.1595
24	011301001002	天棚抹灰 1. 喷水性耐擦洗涂料 2. 2mm 厚纸筋灰罩面 3. 5mm 厚 1：0.5：3 水泥石膏砂浆扫毛	m²	1117.2523
	14-149	抹灰面调和漆 墙、柱、天棚面等 两遍	100m²	11.1821
	12-4	混凝土面天棚抹灰 水泥石灰纸筋砂浆底 纸筋灰面	100m²	11.1821
25	011301001002	天棚抹灰 1. 喷水性耐擦洗涂料 2. 2mm 厚纸筋灰罩面 3. 5mm 厚 1：0.5：3 水泥石膏砂浆扫毛	m²	13.9718
	14-149	抹灰面调和漆 墙、柱、天棚面等 两遍	100m²	0.1397
	12-4	混凝土面天棚抹灰 水泥石灰纸筋砂浆底 纸筋灰面	100m²	0.1397
26	011302001001	天棚吊顶1 1. 0.5～0.8mm 厚铝合金条板面层 2. 中龙骨 U50×19×0.5 中距<1200mm 3. 大龙骨［60×30×1.5（吊点附吊挂）中距<1200mm 4. φ8 钢筋吊杆,双向中距 900～1200mm 5. 钢筋混凝土板内预留 φ6 铁环,双向中距900～1200mm	m²	1331.1976
	12-16	轻钢龙骨、铝合金龙骨吊顶 轻钢龙骨（U38 型）平面	100m²	13.312
	12-25	轻钢龙骨、铝合金龙骨吊顶 铝合金条板天棚离缝	100m²	13.312

续表

序　号	项目编码	项目名称及特征	单　位	工程量
27	011302001001	天棚吊顶2 1. 500×500×18 矿棉板 2. 铝合金横撑⊥25×22×1.3 或⊥23×23×1.3,中距 500mm 3. 铝合金中龙骨双向中距 1000mm 4. 钢筋混凝土板内埋 $\phi6$ 铁环,双向中距 1000mm	m²	1148.1975
	12-21	轻钢龙骨、铝合金龙骨吊顶 T 形铝合金龙骨	100m²	11.482
	12-53	天棚饰面(基层) 矿棉板	100m²	11.482

思考与练习

(1)一层的门厅位置在二层绘制装修图元时应注意些什么?

(2)粘结层是否套用定额?

2.8.3　外墙保温工程量计算

通过本小节的学习,你将能够:

(1)定义外墙保温层;

(2)统计外墙保温工程量。

一、任务说明

完成各楼层外墙保温的工程量计算。

二、任务分析

①地上外墙与地下部分保温层做法有何不同?

②保温层增加后是否会影响外墙装修的工程量计算?

三、任务实施

1)分析图纸

分析建施-0 中"2)节能设计"可知,外墙外侧做 35mm 厚的保温;从"3)防水设计"中可得知,地下室外墙有 50mm 厚的保护层。

2)清单、定额计算规则学习

(1)清单计算规则(见表2.79)

表2.79　外墙保温清单计算规则

编　号	项目名称	单　位	计算规则
011001003	保温隔热墙面	m²	按设计图示尺寸以面积计算。扣除门窗洞口以及面积>0.3m² 梁、孔洞所占面积;门窗洞口侧壁以及与墙相连的柱,并入保温墙体工程量内

(2)定额计算规则(见表2.80)

表2.80　外墙保温定额计算规则

编　号	项目名称	单　位	计算规则
8-1	墙、柱面保温隔热 保温砂浆 聚苯颗粒保温砂浆	m²	保温层中心线长度乘以高度计算
8-8	墙、柱面保温隔热 保温板材 聚苯乙烯泡沫保温板	m²	保温层中心线长度乘以高度计算

3)属性定义

保温层的属性定义,如图2.220所示。

属性名称	属性值	附加
名称	外墙保温	
材质	苯板	☐
厚度(mm)	40	☐
空气层厚度	10	☐
备注		☐
⊞ 计算属性		
⊞ 显示样式		

图2.220

4)做法套用

地上外墙保温层做法套用,如图2.221所示。

	编码	类别	项目名称	项目特征	单位	工程量表达式	表达式说明	措施项目	专业
1	⊟ 011001003001	项	保温隔热墙面	1.保温隔热材料品种、规格:35厚的聚苯颗粒 保温砂浆 2.部位:砌体墙	m2	MJ	MJ<面积>	☐	建筑工程
2	8-1 D35	换	墙、柱面保温隔热 保温砂浆 聚苯颗粒保温砂浆 25厚 实际厚度(mm):35	m2	MJ	MJ<面积>	☐	建筑

图2.221

5)画法讲解

切换到基础层,单击"其他"→"保温层",选择"智能布置"→"外墙外边线",把外墙局部放大,便可以看到在混凝土外墙的外侧有保温层,如图2.222所示。

图2.222

四、任务结果

①按照以上保温层的绘制方式,完成其他层外墙保温层的绘制。

②汇总计算,统计各层保温的工程量,如表2.81所示。

表2.81 外墙保温层清单定额工程量

序 号	项目编码	项目名称及特征	单 位	工程量
1	011001003001	保温隔热墙面 1. 保温隔热材料品种、规格:35mm 厚聚苯颗粒保温砂浆 2. 部位:砌体墙	m²	1514.8615
	8-1 D35	墙、柱面保温隔热 保温砂浆 聚苯颗粒保温砂浆 25mm 厚 实际厚度(mm):35	100m²	14.8923
2	011001003002	保温隔热墙面 1. 保温隔热材料品种、规格:聚苯乙烯泡沫保温板 2. 部位:混凝土墙	m²	1096.5127
	8-8	墙、柱面保温隔热 保温板材 聚苯乙烯泡沫保温板	100m²	10.9383

思考与练习

(1)自行车坡道墙是否需要保温?

(2)基础外墙保护层的厚度是多少?

2.9 楼梯工程量计算

通过本节的学习,你将能够:
(1)分析整体楼梯包含的内容;
(2)定义参数化楼梯;
(3)绘制楼梯;
(4)统计各层楼梯工程量。

一、任务说明

①使用参数化楼梯来完成楼梯定义、做法套用。
②汇总计算,统计楼梯的工程量。

二、任务分析

①楼梯都有哪些构件组成? 每一构件都对应有哪些工作内容? 做法如何套用?
②如何正确地编辑楼梯各构件的工程量表达式?

三、任务实施

1)分析图纸

分析建施-13、建施-14、结施-15、结施-16 及各层平面图可知,本工程有两部楼梯,位于
④—⑤轴间的为 1 号楼梯,位于⑨—⑪轴间的为 2 号楼梯。1 号楼梯从地下室开始到机房层,
2 号楼梯从首层开始到四层。

依据定额计算规则可知,楼梯按照水平投影面积计算混凝土和模板面积。通过分析图纸
可知,TZ1 和 TZ2 的工程量不包含在整体楼梯中,需要单独计算。楼梯底面抹灰要按照天棚
抹灰计算。

从建施-13 中剖面图可以看出,楼梯的休息平台处有不锈钢护窗栏杆,高 1000mm,其长度
为休息平台的宽度(即楼梯的宽度)。

2)清单定额计算规则学习

(1)清单计算规则(见表 2.82)

表 2.82 楼梯清单计算规则

编 号	项目名称	单 位	计算规则
010506001	直形楼梯	m²	1.以平方米计量,按设计图示尺寸以水平投影面积计算。不扣除宽度≤500mm 的楼梯井,伸入墙内部分不计算; 2.以立方米计量,按设计图示尺寸以体积计算

续表

编 号	项目名称	单 位	计算规则
011702024	直形楼梯	m²	按楼梯(包括休息平台、平台梁、斜梁和楼层板的连接梁)的水平投影面积计算,不扣除宽度≤500mm 的楼梯井所占面积,楼梯踏步、踏步板、平台梁等侧面模板不另计算,伸入墙内部分亦不增加
011503001	金属扶手、栏杆、栏板	m	按设计图示以扶手中心线长度(包括弯头长度)计算

(2)定额计算规则(见表 2.83)

表 2.83　楼梯定额计算规则

编 号	项目名称	单 位	计算规则
4-94	现浇商品混凝土(泵送)建筑物混凝土 楼梯 直形	m²	按设计图示尺寸以水平投影面积计算
4-189	建筑物模板 楼梯 直形	m²	按设计图示尺寸以水平投影面积计算
10-81	楼梯装饰 地砖楼梯面	m²	按设计图示尺寸以水平投影面积计算
10-1	整体面层 水泥砂浆找平层	m²	按设计图示尺寸以水平投影面积计算
10-95	不锈钢栏杆	m	按设计图示以扶手中心线长度(包括弯头长度)计算

3)楼梯定义

楼梯可以按照水平投影面积布置,也可以绘制参数化楼梯。本工程按照参数化布置是为了方便计算楼梯底面抹灰等装修工程的工程量。

1 号楼梯和 2 号楼梯都为直行双跑楼梯,以 1 号楼梯为例进行讲解。在模块导航栏中单击"楼梯"→"楼梯"→"参数化楼梯",弹出如图 2.223 所示"选择参数化图形"对话框,选择

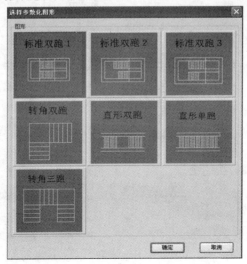

图 2.223

"直行双跑楼梯",单击"确定"按钮进入"编辑图形参数"对话框(见图2.224),按照结施-15中的数据更改绿色的字体,编辑完参数后单击"保存退出"按钮。

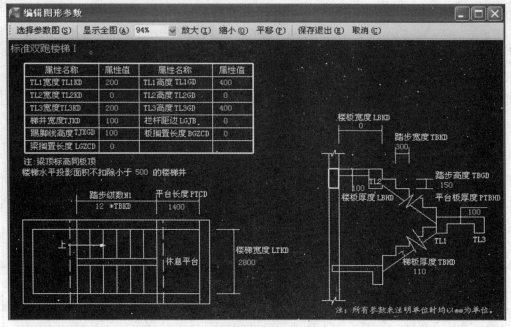

图 2.224

4)做法套用

1号楼梯的做法套用,如图2.225所示。

	编码	类别	项目名称	项目特征	单位	工程量表达式	表达式说明	措施项	专业
1	⊟ 010506001001	项	直形楼梯	1、混凝土强度等级：C25 2、混凝土种类：商品混凝土 3、类型：直形楼梯 4、底板厚度：120mm	m2	TYMJ	TYMJ<水平投影面积>	☐	建筑工程
2	4-94 HD433 022 043302 3	换	现浇商品混凝土(泵送)建筑物混凝 土 楼梯 直形 换为【泵送商品混凝 土 C25】		m2	TYMJ	TYMJ<水平投影面积>	☐	建筑
3	⊟ 011702024001	项	楼梯	1、直形楼梯	m2	TYMJ	TYMJ<水平投影面积>	☑	建筑工程
4	4-189	定	建筑物模板 楼梯 直形		m2 (投	TYMJ	TYMJ<水平投影面积>	☑	建筑
5	⊟ 011106002001	项	块料楼梯面层	1.5-10厚防滑地砖楼面，撒 缝 2.20厚1:3水泥砂浆找平层	m2	TYMJ	TYMJ<水平投影面积>	☐	建筑工程
6	10-81	定	楼梯装饰 地砖楼梯面		m2	TYMJ	TYMJ<水平投影面积>	☐	建筑
7	10-1	定	整体面层 水泥砂浆找平层 20厚		m2	TYMJ	TYMJ<水平投影面积>	☐	建筑
8	⊟ 011503001001	项	金属扶手、栏杆、栏板	1、栏杆材料种类、规格、品 牌、颜色： 2、部位：楼梯栏杆	m	LGCD	LGCD<栏杆扶手长度>	☐	建筑工程
9	10-95	定	不锈钢栏杆		m	LGCD	LGCD<栏杆扶手长度>	☐	建筑
10	⊟ 011105003001	项	块料踢脚线	1、踢脚线高度：100 2、底层厚度、砂浆配合比： 5厚1:3水泥砂浆 3、粘结层厚度、材料种类： 8厚1:2水泥浆(内掺建筑 胶) 4、面层材料品种、规格、品 牌、颜色：800*800黑色地 砖 5、素水泥浆擦缝	m2	TJXCD*0.15	TJXCD<踢脚线长度（直）* 0.15	☐	建筑工程
11	10-66 H800 1061 800110 81,H800112	换	石材、块料踢脚线 地砖 换为【水 泥砂浆 1:3】 换为【107胶纯水泥浆】	m2	TJXCD*0.15	TJXCD<踢脚线长度（直）* 0.15	☐	建筑
12	⊟ 011301001003	项	天棚抹灰 -楼梯间	1、喷水性耐擦洗涂料 2、2厚纸筋灰罩面 3、5厚1：0.5:3水泥石膏砂 浆扫毛	m2	DBMHMJ	DBMHMJ<底部抹灰面积>	☐	建筑工程
13	14-149	定	抹灰面油和漆 墙、柱、天棚面等 二 遍		m2	DBMHMJ	DBMHMJ<底部抹灰面积>	☐	建筑
14	12-4	定	混凝土面天棚抹灰 水泥石灰纸筋砂 浆底 纸筋灰面		m2	DBMHMJ	DBMHMJ<底部抹灰面积>	☐	建筑

图 2.225

5)楼梯画法讲解

①首层楼梯绘制。楼梯可以用点绘制,点画绘制时需要注意楼梯的位置。绘制的1号楼梯图元如图2.226所示。

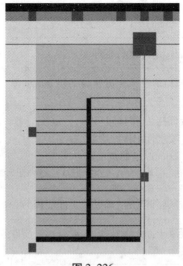

图2.226

②利用层间复制功能复制1号楼梯到其他层,完成各层楼梯的绘制。

四、任务结果

汇总计算,统计各层楼梯的工程量,如表2.84所示。

表2.84 楼梯清单定额工程量

序 号	项目编码	项目名称及特征	单 位	工程量
1	010506001001	直形楼梯 1.混凝土强度等级:C25 2.混凝土种类:商品混凝土 3.类型:直形楼梯 4.底板厚度:120mm	m²	112.5375
	4-94 H0433022 0433023	现浇商品混凝土(泵送)建筑物混凝土 楼梯 直形 换为【泵送商品混凝土 C25】	10m²	11.2538
2	011105003001	块料踢脚线 1.素水泥浆擦缝 2.600mm×600mm 黑色地砖 3.8mm 厚1:2 水泥砂浆(内掺建筑胶)结合层 4.5mm 厚1:3 水泥砂浆打底	m²	23.445
	10-66 H8001061 8001081,H8001121 8001131	石材、块料踢脚线 地砖 换为【水泥砂浆1:3】换为【107 胶纯水泥浆】	100m²	0.2345

续表

序　号	项目编码	项目名称及特征	单　位	工程量
3	011106002001	块料楼梯面层 1.5～10mm厚防滑地砖楼面,擦缝 2.20mm厚1∶3水泥砂浆找平层	m²	112.5375
	10-81	楼梯装饰 地砖楼梯面	100m²	1.1254
	10-1	整体面层 水泥砂浆找平层 20mm厚	100m²	1.1254
4	011301001003	天棚抹灰 楼梯间 1.喷水性耐擦洗涂料 2.2mm厚纸筋灰罩面 3.5mm厚1∶0.5∶3水泥石膏砂浆扫毛	m²	130.8307
	14-149	抹灰面调和漆 墙、柱、天棚面等 两遍	100m²	1.3083
	12-4	混凝土面天棚抹灰 水泥石灰纸筋砂浆底 纸筋灰面	100m²	1.3083
5	011503001001	金属扶手、栏杆、栏板 1.栏杆材料种类、规格、品牌、颜色:不锈钢栏杆 2.部位:楼梯栏杆	m	71.3653
	10-95	不锈钢栏杆	10m	7.1365
6	011702024001	楼梯 1.直形楼梯	m²	112.5375
	4-189	建筑物模板 楼梯 直形	10m² (投影面积)	11.2538

五、总结拓展

建筑图楼梯给出的标高为建筑标高,绘图时定义的是结构标高,在绘图时应将楼梯标高调整为结构标高。

组合楼梯就是楼梯使用单个构件绘制后的楼梯,每个单构件都要单独定义、单独绘制。

(1)组合楼梯构件定义

①直形梯段定义。单击"新建直形梯段",将上述图纸信息输入,如图2.227所示。

②休息平台的定义。单击"新建现浇板",将上述图纸信息输入,如图2.228所示。

属性名称	属性值	附加
名称	直形梯段1	☐
材质	预拌混凝	☐
砼类型	预拌砼	☐
砼标号	(C25)	☐
踏步总高(	1800	☐
踏步高度(	150	☐
梯板厚度(	100	☐
底标高(m)	-3.6	☐
建筑面积计	不计算	☐
备注		☐

图 2.227

属性名称	属性值	附加
名称	梯板	☐
材质	预拌混凝	☐
类别	有梁板	☐
砼类型	预拌砼	☐
砼标号	C25	☐
厚度(mm)	100	☐
顶标高(m)	-1.8	☐
坡度(°)		☐
是否是楼板	否	☐
是否空心	否	☐
模板类型	复合模板	☐
备注		☐

图 2.228

（2）做法套用

做法套用与上面楼梯做法套用相同。

（3）直形梯段画法

直形梯段可以直线绘制，也可以矩形绘制，绘制后单击"设置踏步起始边"即可。休息平台也一样，绘制方法同现浇板。绘制后如图2.229所示。

图 2.229

（4）可以先绘制好梯梁、梯板、休息平台、梯段等，然后"新建组合构件"，软件自动反建一个楼梯构件。该构件可以直接绘制到当前工程的其他位置。

思考与练习

整体楼梯的工程量中是否包含TZ?

2.10　钢筋算量软件与图形算量软件的无缝联接

通过本节的学习,你将能够:

（1）掌握钢筋算量软件导入图形算量软件的基本方法;

（2）钢筋导入图形后需要修改哪些图元；

（3）绘制钢筋中无法处理的图元；

（4）绘制钢筋中未完成的图元。

一、任务说明

将钢筋算量软件导入图形算量软件中，并完成钢筋算量模型。

二、任务分析

①图形算量与钢筋算量的接口是什么地方？

②钢筋算量与图形算量软件有什么不同？

三、任务实施

1）新建工程，导入钢筋工程

参照 2.1.1 节的方法，新建工程。

①新建完毕后，进入图形算量的起始界面，单击"文件"→"导入钢筋（GGJ 2009）工程"，如图 2.230 所示。

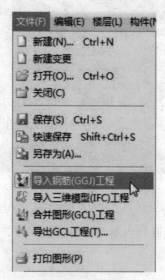

图 2.230

②弹出"打开"对话框，选择钢筋工程文件所在位置，单击"打开"按钮，如图 2.231 所示。

③弹出如图 2.232 所示"提示"对话框，单击"确定"按钮，弹出"层高对比"对话框，选择"按照钢筋层高导入"，如图 2.233 所示。

④弹出如图 2.234 所示对话框，在楼层列表下方单击"全选"按钮，在构件列表中"轴网"后的方框中打钩选择，然后单击"确定"按钮。

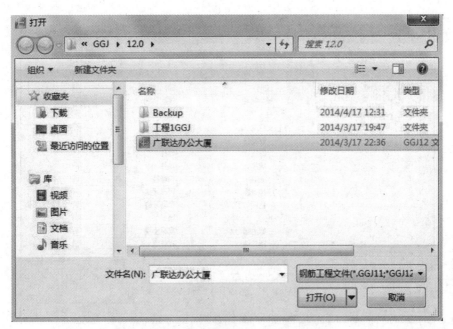

图 2.231

图 2.232

图 2.233

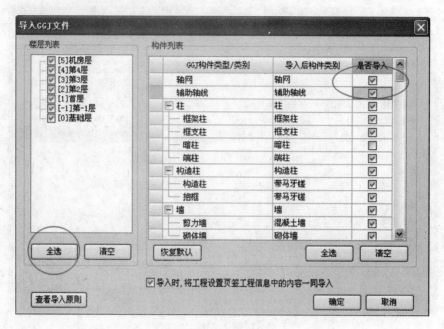

图 2.234

⑤导入完成后出现如图 2.235 所示"提示"对话框,单击"确定"按钮完成导入。

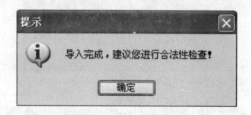

图 2.235

⑥在此之后,软件会提示你是否保存工程,建议立即保存。

2)分析差异

因为钢筋算量只是计算了钢筋的工程量,所以在钢筋算量中其他不存在钢筋的构件没有进行绘制,所以需要在图形算量中将它们补充完整。

在补充之前,需要先分析钢筋算量与图形算量的差异,其差异分为 3 类:

①在钢筋算量中绘制出来,但是要在图形算量中进行重新绘制的;

②在钢筋算量中绘制出来,但是要在图形算量中进行修改的;

③在钢筋算量中未绘制出来,需要在图形算量中进行补充绘制的。

对于第 1 种差异,需要对已经导入的需要重新绘制的图元进行删除,以便以后绘制。例如,在钢筋算量中,楼梯的梯梁和休息平台都是带有钢筋的构件,需要在钢筋算量中定义并进行绘制,但是在图形算量中,可以用参数化楼梯进行绘制,其中已经包括梯梁和休息平台,所以在图形算量中绘制楼梯之前,需要把原有的梯梁和休息平台进行删除。

对于第 2 种差异,需要修改原有的图元的定义,或者直接新建图元然后替换进行修改。

例如,在钢筋中定义的异形构造柱,由于在图形中伸入墙体的部分是要套用墙的定额,那么在图形算量时需要把异形柱修改定义变为矩形柱,而原本伸入墙体的部分要变为墙体;或者可以直接新建矩形柱,然后进行批量修改图元。方法因人而异,可以自己选择。

对于第 3 种差异,需要在图形算量中定义并绘制出来。例如,建筑面积、平整场地、散水、台阶、基础垫层、装饰装修等。

3)做法的分类套用方法

在前面的内容中已经介绍过做法的套用方法,下面给大家作更深一步的讲解。

"做法刷"其实就是为了减少工作量,把套用好的做法快速地复制到其他同样需要套用此种做法的快捷方式,但是怎么样做到更快捷呢?下面以矩形柱为例进行介绍。

首先,选择一个套用好的清单和定额子目,单击"做法刷",如图 2.236 所示。

	编码	类别	项目名称	单位	工程量表达式	表达式说明	措施项目	专业
1	─ 010402001002	项	矩形柱 C30 1.柱高度:综合考虑 2.柱截面尺寸:综合考虑 3.混凝土强度等级 C30 4.混凝土拌和料要求 符合规范要求 5.混凝土种类:商品混凝土	m3	TJ	TJ〈体积〉	□	建筑工程
	─ AF0002	定	矩形柱 商品砼	m3	TJ	TJ〈体积〉	□	土建

图 2.236

在"做法刷"界面中,可以看到"覆盖"和"追加"两个选项,如图 2.237 所示。"追加"就是在其他构件中已经套用好的做法的基础上,再添加一条做法;而"覆盖"就是把其他构件中已经套用好的做法覆盖掉。选择好之后,单击"过滤",出现如图 2.238 所示下拉菜单。

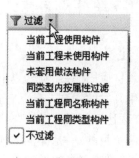

图 2.237　　　　　　　　　　　图 2.238

在"过滤"的下拉菜单中有很多种选项,现以"同类型内按属性过滤"为例,介绍"过滤"的功能。

首先,选择"同类型内按属性过滤",出现如图 2.239 所示对话框。我们可以在前面的方框中勾选需要的属性,以"截面周长"属性为例进行介绍。勾选"截面周长"前面的方框,在"属性内容"栏中输入需要的数值(格式需要和默认的一致),然后单击"确定"按钮。此时在对话框左边的楼层信息菜单中显示的构件均为已经过滤并符合条件的构件(见图 2.240),这样便于我们选择并且不会出现错误。

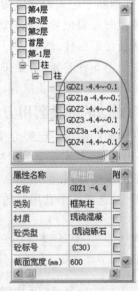

图 2.239   图 2.240

2.11 结课考试——认证平台

2.11.1 软件应用能力测评

1)测评定义

广联达软件应用能力测评(以下简称"广联达测评")是一套专门为学习和应用广联达软件的广大师生开发的考试工具。它基于建设行业电算化的应用要求,结合软件教学的重点、难点,依托广联达智能考试系统,实现全面、准确、真实的考核。

主要有两个目的:一是提供试题资源共享渠道,减少教师出题难度,减轻传统阅卷时的工作量,通过实践检测自身的教学水平,以便对软件课的教学作出相应改进;二是通过实践中的考试,让学生更清晰地了解自身的软件实际应用水平,以便更好地提升软件的学习和应用能力。

2)测评实现方式

广联达测评,通过教师在考试系统中建立考试,在线组卷,组织考试,最后查询成绩等操作来实现。

广联达测评考试是依托广联达智能考试系统(见图 2.241)实现的。广联达考试系统(GIAC-ITS)是由广联达软件股份有限公司为建筑相关专业考核过程专门开发的网络考试系统(网址:https://renzheng.glodon.com/)。通过网络考试系统,替代传统结课考试形式,实现在线考试、自动阅卷、成绩分析全程自动化考试服务。

图 2.241

系统具有共享题库,也可自主出题。题库中不仅有单选、多选、填空、判断等各种常见题型,更有首创的软件实操题,实现试题多样化、阅卷自动化。考试防作弊及试卷随机分发,更加公平、公正、公开。独有的多维度成绩分析和作答进度记录,可供教师作为参考,明确教学重难点和改革方向,同时也促进学习动力。

（1）考试题型

①填空、选择、判断、主观题等。

②实操题考试:广联达土建算量、广联达钢筋算量、广联达安装算量。

（2）考试模式

①考试前会向考生提供相关的学习考试资料,提前学习系统的使用和熟悉考试模式,系统中还有模拟考试,可随时进行模拟训练。

②统一通过网络访问"https://renzheng.glodon.com/"进行考试。

2.11.2　图形算量软件考试

使用考试系统进行软件实操题考试,首先需要安装考试系统。考试系统连通网络和算量软件,一键即可安装,可对学生进行考核:广联达钢筋算量 GGJ2013、广联达图形算量GCL2013、广联达安装算量 GQI2013,以及各种客观题（如单选、多选、填空题等）。下面以广联达图形算量 GGJ2013 版软件的考核为例进行说明。

（1）考试

安装了考试系统后,在桌面或者以其他快捷方式启动软件,如图 2.242 所示。

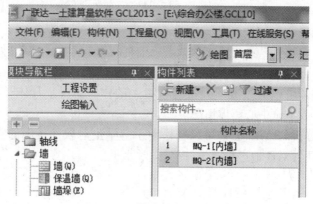

图 2.242

如果你登录了广联达考试系统,通过网络系统中的按钮启动了广联达软件,软件标题增加"考试版"字样,菜单栏增加"考试提交"功能,如图2.243所示。

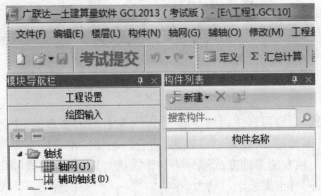

图2.243

和平时的作答过程一样,新建工程后保存,作答完成后汇总计算(见图2.244),然后单击"考试提交",关闭软件,最后回到考试系统的网页界面交卷即可。

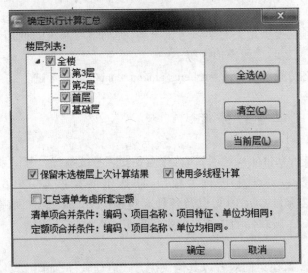

图2.244

(2)查成绩

考试结束以后,教师可以方便地在考试系统中查阅每位考生的成绩,如图2.245所示。

(3)成绩分析

考试结束后,教师可以通过成绩分析查看考生的作答情况。具体类型可以针对单个考生、某班级整体情况或考试中心整体情况。

通过查看成绩分析的结果,教师可以轻松地了解学生对软件技能的掌握程度,从而把握教学重点、难点,以便针对性地进行教学,提高教学水平。

考生姓名	性别	考场	座位	成绩	通过
谭茵茵	女	2-303	4	82.3	通过
梁桂珍	女	2-303	30	76.25	通过
苏千红	女	2-303	1	74.86	通过
叶翔	男	2-303	42	70.42	通过
丁素梅	女	2-303	12	69.83	通过
宋毅	男	2-303	36	67.16	通过
彭丽莹	女	2-303	11	65.73	通过
帅翠合	女	2-303	33	64.65	通过
莫小婵	女	2-303	22	64.51	通过
夏婉婷	女	2-303	23	63.94	通过

图 2.245

2.11.3　广联达工程造价电算化应用技能认证

广联达工程造价电算化应用技能认证(见图 2.246),英文全称为 Glodon Informatization Application Skills Certification for Construction Industry,简称 GIAC(下文简称"广联达认证"),上线于 2012 年 11 月,工程建设类院校在校学生通过培训学习后,可以到指定的授权考试中心参加统一的网络考试。考试通过者可获得相关行业主管部门及广联达软件股份有限公司共同颁发的"建设行业信息化应用技能认证证书",并且进入广联达人才信息库,有优先被广联达录取同时进行企业推荐就业的机会。

图 2.246　　　　　　　　　图 2.247

(1)广联达认证的特点

①认证标准的专业性。广联达认证的等级标准得到建设行业的企业和用人单位的广泛认可,值得信赖。

②认证形式的公正性。广联达认证依托先进的在线考试平台和专业的考试方法,无论客观题还是实操题,随机发卷和批量评分都保证了认证考试的便捷与公正。

③认证结果的权威性。每一次认证考试的答卷都由广联达专业的评分软件进行评分,每一次考试成绩都作为该试题分析的数据源,以便于试题的改进和完善。

④人才服务的优质性。广联达和多家名企建立了长期良好的合作关系,并搭建了广联达

企业人才库,为企业和求职者提供了很好的交流和展示平台。

(2)广联达认证的整体价值

①帮助学生提升应用技能水平,提高就业竞争力,缩短在企业成长与发展的周期。

②提高院校实践教学水平,提升院校品牌建设。

③为企业提供技能水平评测的标准和方法,有效地减少企业招聘及后期人才培养的成本。

④丰富应聘学生的就业渠道,搭建建设行业人才交流的平台。

(3)广联达认证的加盟

如果你的学校想成为有资格举办广联达认证考试的认证中心,必须先成功开展数次测评考试,保证测评考试的成功率和一定的通过率。也就是说,不管是硬环境(如机房网络条件),还是软环境(相关负责教师和学生积极性)都达到了一定水平,那么才有资格参与广联达认证产品相关负责人的评定,通过评定考核后才可获得授权认证考试中心资格。

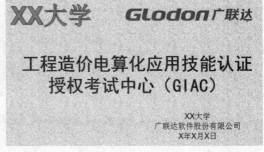

图 2.248

届时双方将签署友好合作协议书,由广联达软件股份有限公司授牌"××学校工程造价电算化应用技能认证授权考试中心(GICA)"(见图 2.248)。这表示你的学校有权举办广联达认证考试,负责认证考试过程中报名、缴费、组织、实施等,在你的学校通过广联达认证考试的学生也将获得由中国建设教育协会和广联达软件股份有限公司共同颁发的"建设行业信息化应用技能认证证书"。该证书印有考生姓名、照片、身份证号和广联达统一编制的证书编号,具有较高的防伪设计,并且在"广联达考试 & 认证网"上可以通过身份证号和证书编号查询真伪。证书模板如图 2.249 所示。

图 2.249

更多、更全的考试资讯,可以登录"广联达考试 & 认证网"(http://rz. glodon. com/),网站部分页面展示如图 2.250 至图 2.252 所示。

图 2.250

序号	姓名	认证中心	级别	成绩
1	黄	职业技术学院	高级电算员	86
2	梁	建设职业技术学院	高级电算员	86
3	何	技术学院	高级电算员	85
4	伍	职业技术学院	高级电算员	84
5	陶	技术学院	高级电算员	82
6	谭	职业技术学院	高级电算员	82
7	韦	职业技术学院	高级电算员	80
8	彭	技术学院	高级电算员	80
9	杜	大学	高级电算员	79

图 2.251

★ 您的位置：首页>招聘信息

序号	公司	职位	工作地点
1	有限公司	课程开发工程...	北京
2	有限公司	BIM高级咨询...	北京市
3	有限公司	产品经理	北京市
4	公司	运作支持641	北京市
5	公司	营销调研专员	待议

图 2.252

下篇　建筑工程计价

本篇内容简介

招标控制价编制要求

新建招标项目结构

导入图形算量工程文件

计价中的换算

其他项目清单

编制措施项目

调整人材机

计取规费和税金

统一调整人材机及输出格式

生成电子招标文件

报表实例

本篇教学目标

具体参看每节教学目标

第3章 招标控制价编制要求

通过本章学习,你将能够:

(1)了解工程概况及招标范围;

(2)了解招标控制价编制依据;

(3)了解造价编制要求;

(4)掌握工程量清单样表。

1)工程概况及招标范围

①工程概况:第一标段为广联达办公大厦1#,总面积为4560m²,地下一层面积为967m²,地上四层建筑面积为3593m²;第二标段为广联达办公大厦2#,总面积为4560m²,地下一层面积为967m²,地上四层建筑面积为3593m²。本项目现场面积为3000m²。本工程采用履带式挖掘机1m³以上。

②工程地点:杭州市区。

③招标范围:第一标段及第二标段建筑施工图内除卫生间内装饰外的全部内容。

④本工程计划工期为180天,经计算定额工期210天,合同约定开工期为2014年3月1日。(本教材以第一标段为例进行讲解)

2)招标控制价编制依据

该工程的招标控制价依据《建设工程工程量清单计价规范》(GB 50500—2013)、《浙江省建筑工程预算定额》(2010版)及配套解释、相关规定,结合工程设计及相关资料、施工现场情况、工程特点及合理的施工方法,以及建设工程项目的相关标准、规范、技术资料进行编制。

3)造价编制要求

(1)价格约定

①除暂估材料及甲供材料外,材料价格按"杭州市2014年工程造价信息第3期"及市场价计取。

②人工费按一类60元/工日,二类70元/工日,三类80元/工日取定。

③安全文明等组织措施费按现行规定计取。

④规费足额计取,暂不考虑危险作业意外伤害保险。

⑤暂列金额为80万元。

⑥幕墙工程(含预埋件)为暂估专业工程60万元。

(2)其他要求

①土方外运暂定机械装土,自卸汽车运土,运距1km。

②全部采用商品混凝土,运距10km。

③不考虑总承包服务费及施工配合费。

4)甲供材料一览表(见表3.1)

表3.1 甲供材料一览表

序号	名 称	规格型号	单 位	单价(元)
1	C15 商品混凝土	最大粒径 20mm	m³	340
2	C20 商品混凝土	最大粒径 20mm	m³	350
3	C25 商品混凝土	最大粒径 20mm	m³	365
4	C30 商品混凝土,P8 抗渗	最大粒径 20mm	m³	355
5	C30 商品混凝土	最大粒径 20mm	m³	380
7	C35 商品混凝土	最大粒径 20mm	m³	390

5)材料暂估单价表(见表3.2)

表3.2 材料暂估单价表

序号	名 称	规格型号	单 位	单价(元)
1	大理石板		m²	180
2	瓷砖	150×220	m²	25
3	地砖	200×200	m²	28
4	地砖	300×300	m²	30
5	地砖	500×500	m²	65
6	地砖	600×600	m²	80

6)计日工表(见表3.3)

表3.3 计日工表

序号	名 称	工程量	单 位	单价(元)	备 注
1	人工				
	木工	10	工日	70	
	瓦工	10	工日	60	
	钢筋工	10	工日	60	

7)评分办法(见表3.4)

表3.4 评分办法表

序号	评标内容	分值范围	说 明
1	工程造价	70	不可竞争费单列(样表参见《报价单》)

续表

序号	评标内容	分值范围	说　明
2	工程工期	5	按招标文件要求工期进行评定
3	工程质量	5	按招标文件要求质量进行评定
4	施工组织设计	20	按招标工程的施工要求、性质等进行评审

8)报价单(见表3.5)

表3.5　报价单

工程名称:	第____标段____(项目名称)	
工程控制价(万元)		
其中	安全文明施工措施费(万元)	
	税金(万元)	
	规费(万元)	
除不可竞争费外工程造价(万元)		
措施项目费用合计(不含安全文明施工措施费)(万元)		

9)工程量清单样表

工程量清单样表参见《建设工程工程量清单计价规范》(GB 50500—2013)。

①封面:封-2。

②总说明:表-01。

③单项工程招标控制价汇总表:表-03。

④单位工程招标控制价汇总表:表-04。

⑤分部分项工程和单价措施项目清单与计价表:表-08。

⑥综合单价分析表:表-09。

⑦总价措施项目清单与计价表:表-11。

⑧其他项目清单与计价汇总表:表-12。

⑨暂列金额明细表:表-12-1。

⑩材料(工程设备)暂估单价及调整表:表-12-2。

⑪专业工程暂估价及结算价表:表-12-3。

⑫计日工表:表-12-4。

⑬总承包服务费计价表:表-12-5。

⑭规费、税金项目计价表:表-13。

⑮主要材料价格表。

第4章 编制招标控制价

通过本章学习,你将能够:

(1)了解算量软件导入计价软件的基本流程;

(2)掌握计价软件的常用功能;

(3)运用计价软件完成预算工作。

4.1 新建招标项目结构

通过本节的学习,你将能够:

(1)建立建设项目;

(2)建立单项工程;

(3)建立单位工程;

(4)按标段多级管理工程项目;

(5)修改工程属性。

一、任务说明

在计价软件中完成招标项目的建立。

二、任务分析

①招标项目的单项工程和单位工程分别是什么?

②单位工程的造价构成是什么? 各构成所含内容分别又是什么?

三、任务实施

①新建项目。单击"新建项目",如图4.1所示。

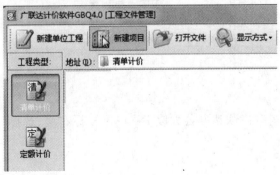

图4.1

②进入新建标段工程,如图4.2所示。

本项目的计价方式:清单计价。

项目名称:广联达办公大厦项目。

项目编号:20140101。

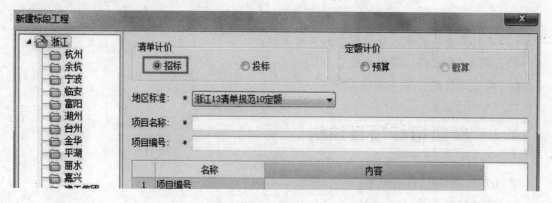

图4.2

③新建单项工程。在"广联达办公大厦项目"单击鼠标右键,选择"新建单项工程",如图4.3所示。

注:在建设项目下,可以新建单项工程;在单项工程下,可以新建单位工程。

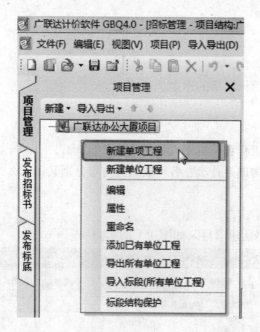

图4.3

④新建单位工程。在"广联达办公大厦1#"单击鼠标右键,选择"新建单位工程",如图4.4所示。

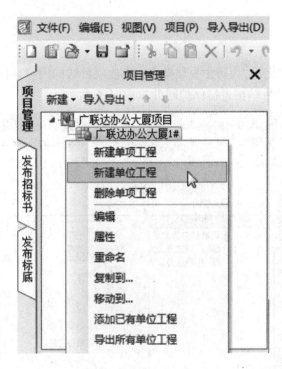

图 4.4

四、任务结果

结果参考如图 4.5 所示。

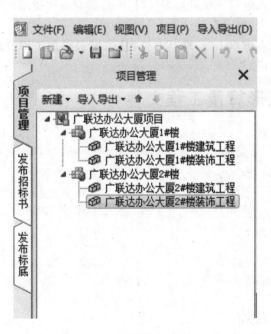

图 4.5

五、总结拓展

（1）标段结构保护

项目结构建立完成之后，为防止失误操作而更改项目结构内容，可右键单击项目名称，选择"标段结构保护"对项目结构进行保护即可，如图4.6所示。

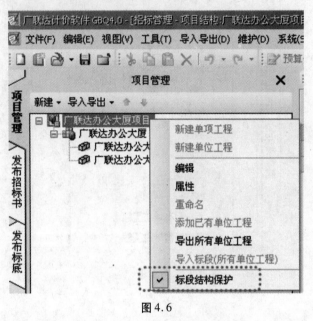

图4.6

（2）编辑

①在项目结构中进入单位工程进行编辑时，可直接双击项目结构中的单位工程名称或者选中需要编辑的单位工程，单击右键选择"编辑"即可。

②也可以直接鼠标左键双击"广联达办公大厦1#"及单位工程进入即可。

4.2 导入图形算量工程文件

通过本节的学习，你将能够：

（1）导入图形算量文件；

（2）整理清单项；

（3）项目特征描述；

（4）增加、补充清单项。

一、任务说明

①导入图形算量工程文件。

②添加钢筋工程清单和定额，及相应的钢筋工程量。

③补充其他清单项和定额。

二、任务分析

①图形算量与计价软件的接口在哪里?
②分部分项工程中如何增加钢筋工程量?

三、任务实施

(1)导入图形算量文件

①进入单位工程界面,单击"导入导出",选择"导入广联达土建算量工程文件",如图4.7
所示。

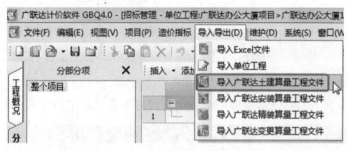

图4.7

②弹出如图4.8所示"导入广联达土建算量工程文件"对话框,选择算量文件所在位置,
然后再检查列是否对应,无误后单击"导入"按钮,完成图形算量文件的导入。

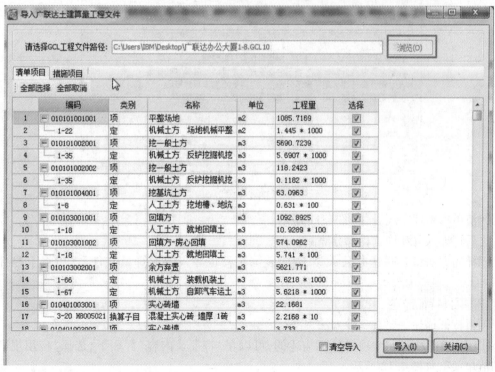

图4.8

（2）整理清单项

在分部分项界面进行分部分项整理清单项。

①单击"整理清单"，选择"分部整理"，如图 4.9 所示。

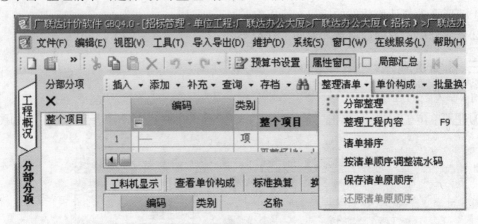

图 4.9

②弹出如图 4.10 所示"分部整理"对话框，选择按专业、章、节整理后，单击"确定"按钮。

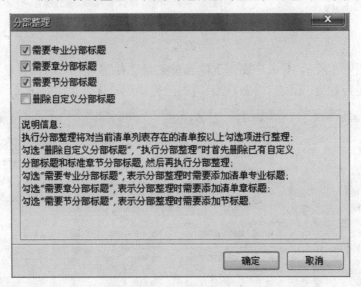

图 4.10

③清单项整理完成后，如图 4.11 所示。

之后将导入的装饰工程部分删除。

同样的方法将广联达办公大厦 1#楼装饰工程也导入图形算量文件，之后将土建部分删除。

（3）项目特征描述

项目特征描述主要有 3 种方法。

①图形算量中已包含项目特征描述的，可以在"特征及内容"界面下，选择"应用规则到全部清单项"，如图 4.12 所示。

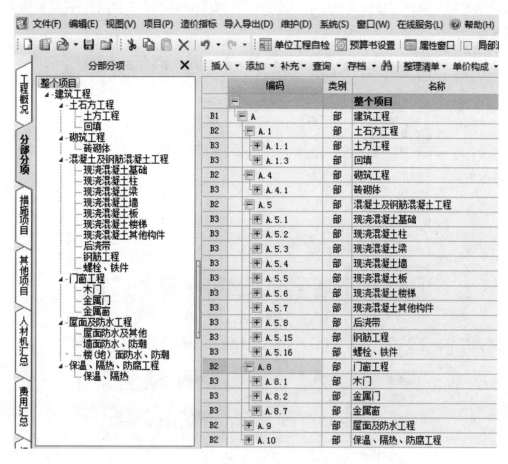

图 4.11

图 4.12

②选择清单项,在"特征及内容"界面可以进行添加或修改来完善项目特征,如图 4.13 所示。

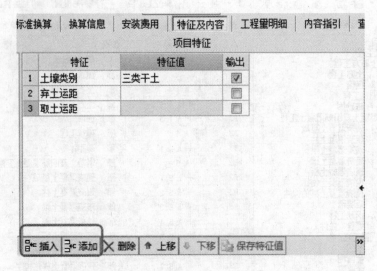

图 4.13

③直接单击清单项中"项目特征"对话框,进行修改或添加,如图 4.14 所示。

类别	名称	项目特征
部	土石方工程	
项	平整场地	1.土壤类别:一般土 2.工作内容:标高在±300mm以内的挖、填找平
定	平整场地	

图 4.14

(4)补充项目特征

完善分部分项清单,将项目特征补充完整,方法如下:

方法一:单击"添加",选择"添加清单项"和"添加子目",如图 4.15 所示。

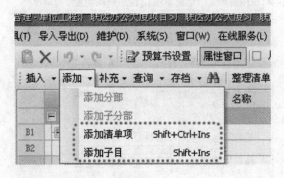

图 4.15

方法二:单击右键选择"插入清单项"和"插入子目",如图 4.16 所示。

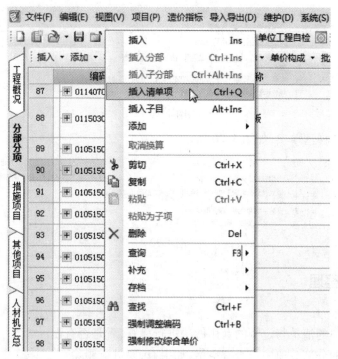

图 4.16

该工程需补充清单子目如下(仅供参考):

①增加钢筋清单项,如图 4.17 所示。

	编码	类别	名称	项目特征	单位	工程量表达式	工程量
−	010515001001	项	现浇构件钢筋	1.钢筋种类、规格:圆钢综合	t	90.794	90.794
	4-416	定	普通钢筋制作安装 现浇构件 圆钢		t	QDL	90.794
−	010515001002	项	现浇构件钢筋	1.钢筋种类、规格:螺纹钢综合	t	296.537	296.537
	4-417	定	普通钢筋制作安装 现浇构件 螺纹钢		t	QDL	296.537
−	010515001003	项	现浇构件钢筋	1.钢筋种类、规格:冷轧带肋钢筋	t	0.666	0.666
	4-420	定	普通钢筋制作安装 冷轧带肋钢筋		t	QDL	0.666
−	010507007002	项	其他构件	1.构件的类型:栏板	m3	0.19	0.19
	4-28	定	现浇现拌混凝土 建筑物混凝土 小型构件		10m3	QDL	0.019

图 4.17

②补充雨水配件等清单项,如图 4.18 所示。

	编码	类别	名称	项目特征	单位	工程量表达式	工程量
−	010902004001	项	屋面排水管	1.排水管品种、规格:塑料排水管	m	136.2	136.2
	7-34	定	屋面排水 镀锌钢板 水斗		10只	15	1.5
−	10-76	借换	室外塑料排水管(粘接) 公称直径100mm以		10m	QDL	13.62
	1431751	主	塑料排水管		m		138.243
	1241191	主	粘接剂		kg		4.6308

图 4.18

③补充塔吊清单项,如图 4.19 所示。

序号	类别	名称	单位	项目特征	组价方式	工程量表达式	工程量
		大型机械进出场及安拆费					
─ 011705001001		大型机械设备进出场及安拆	台·次	1.机械设备名称:塔吊	可计量清单	1	1
── 1001	定	塔式起重机、施工电梯基础费用 固定式基础(带配重)	座			1	1
── 2001	定	安装、拆卸费用 塔式起重机 60kN·m	台次			1	1
── 3017	定	场外运输费用 塔式起重机 60kN·m	台次			1	1

图 4.19

④补充施工电梯清单项,如图 4.20 所示。

序号	类别	名称	单位	项目特征	组价方式	工程量表达式	工程量
─ 011705001002		大型机械设备进出场及安拆	台·次	1.机械设备名称:施工电梯	可计量清单	1	1
── 1001	定	塔式起重机、施工电梯基础费用 固定式基础(带配重)	座			1	1
── 2013	定	安装、拆卸费用 施工电梯 75m	台次			1	1
── 3022	定	场外运输费用 施工电梯 75m	台次			1	1

图 4.20

四、检查与整理

(1)整体检查

①对分部分项的清单与定额的套用做法进行检查,看是否有误。

②查看整个的分部分项中是否有空格,如果有,要进行删除。

③按清单项目特征描述校核套用定额的一致性,并进行修改。

④查看清单工程量与定额工程量的数据的差别是否正确。

(2)整体进行分部整理

对于分部整理完成后出现的"补充分部"清单项,可以调整专业章节位置至应该归类的分部。操作如下:

①右键单击清单项编辑界面,选择"页面显示列设置",在弹出的如图 4.21 所示对话框下选择"指定专业章节位置"。

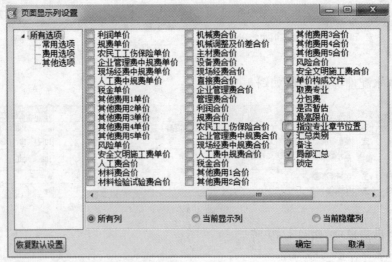

图 4.21

②单击清单项的“指定专业章节位置”，弹出“专业章节”对话框，选择相应的分部，调整完后再进行分部整理。

五、单价构成

在对清单项进行相应的补充、调整之后，需要对清单的单价构成进行费率调整。具体操作如下：

①在工具栏中单击“单价构成”，如图 4.22 所示。

	编码	类别	名称	征	单位	工程量表达式	含量	工程量	单价
			整个项目						
B1	A	部	建筑工程						
B2	A.1	部	土石方工程						
B3	A.1.1	部	土方工程						
1	0101010010	项	平整场地	1.土壤类别:三类干土	m2	1029.6788		1029.68	
	1-2	定	平整场地 机械		m2	1029.6788	1	1029.68	1.21
2	010101002001	项	挖一般土方	1.土壤类别:三类干土 2.挖土深度:5m以内	m3	5687.2803		5687.28	
	1-5	定	打钎拍底		m2	1127.5262	0.1982	1127.53	3.39
	1-8	定	机挖土方 槽深5m以内 运距1km以内		m3	5687.2803	1	5687.28	12.12
3	0101010040	项	挖基坑土方	1.土壤类别:三类干土	m3	31.6506		31.65	
	1-5	定	打钎拍底		m2	19.8625	0.6274	19.86	3.39
	1-21	定	机挖基坑 运距1km以内		m3	31.6506	1	31.65	13.27
B3	A.1.3	部	回填						

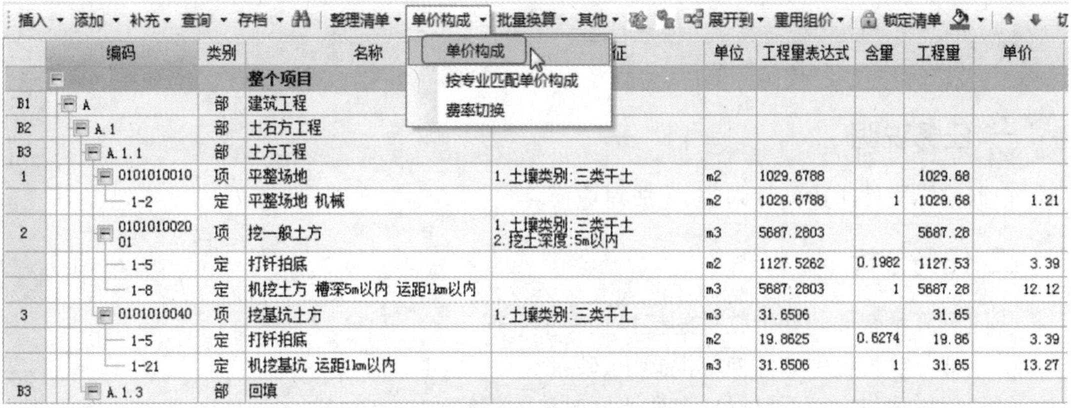

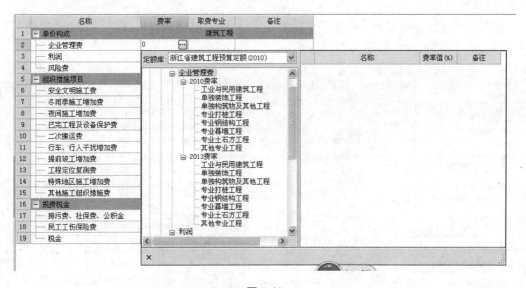

图 4.22

②根据专业选择对应取费文件下的对应费率，如图 4.23 所示。

图 4.23

六、任务结果

详见报表实例。

4.3 计价中的换算

通过本节的学习,你将能够:
(1)了解清单与定额的套定一致性;
(2)调整人材机系数;
(3)换算混凝土、砂浆等级标号;
(4)补充或修改材料名称。

一、任务说明

根据招标文件所述换算内容,完成对应换算。

二、任务分析

①图形算量软件与计价软件的接口在哪里?
②分部分项工程中如何换算混凝土、砂浆?
③清单描述与定额子目材料名称不同时该如何修改?

三、任务实施

(1)替换子目

根据清单项目特征描述校核套用定额的一致性,如果套用子目不合适,可单击"查询",选择相应子目进行"替换",如图 4.24 所示。

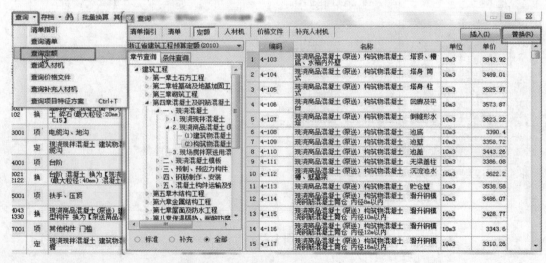

图 4.24

(2)子目换算

按清单描述进行子目换算时,主要包括 3 个方面的换算。

①调整人材机系数。以弧形墙为例,介绍调整人材机系数的操作方法。若工程中砌筑弧形墙体,定额中说明人工乘以系数1.1,砂浆、砌块消耗量乘以系数1.03,如图4.25所示。

010402001004	项	砌块墙	1. 墙体厚度:250mm 2. 砌块品种、规格、强度等级:蒸压轻质加气混凝土砌块(砂加气,不含粉煤灰) 3. 砂浆强度等级、配合比:砂加气砼砌块专用粘结砂浆 4. 墙体类型:弧形墙	m3	18.2299	18.2299	
3-88 R*1.1,H0415443 0415443 *1.03,H0431111 0431111 *1.03,H800102	换	蒸压砂加气混凝土砌块 墙厚300mm以内 圆弧形砌筑 材料[0415443] 含量*1.03,材料[0431111] 含量*1.03,人工*1.1 换为【水泥砂浆 M5.0】		10m3	18.229	1.8229	3015.24

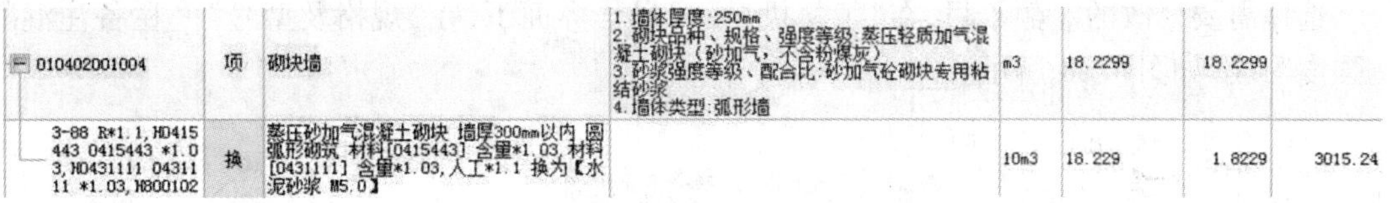

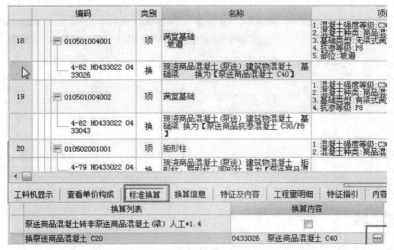

图4.25

②换算混凝土、砂浆等级标号时,方法如下:

a. 标准换算。选择需要换算混凝土标号的定额子目,在标准换算界面下选择相应的混凝图土标号,本项目选用的全部为泵送商品混凝土,如图4.26所示。

	编码	类别	名称	项
18	010501004001	项	满堂基础 坡道	1. 混凝土强度等级:C3 2. 混凝土种类:商品混 3. 基础类型:无梁式满 4. 抗渗等级:P8 5. 部位:坡道
	4-82 H0433022 0433026	换	现浇商品混凝土(泵送) 建筑物混凝土 基础梁 换为【泵送商品混凝土 C40】	
19	010501004002	项	满堂基础	1. 混凝土强度等级:C3 2. 混凝土种类:商品混 3. 基础类型:有梁式满 4. 抗渗等级:P8
	4-82 H0433022 0433043	换	现浇商品混凝土(泵送) 建筑物混凝土 基础梁 换为【泵送商品抗渗混凝土 C30/P8】	
20	010502001001	项	矩形柱	1. 混凝土强度等级:C3 2. 混凝土种类:商品混
	4-79 H0433022 04	换	现浇商品混凝土(泵送) 建筑物混凝土 矩	

工料机显示　查看单价构成　标准换算　换算信息　特征及内容　工程量明细　特征指引　内容

换算列表	换算内容
泵送商品混凝土转非泵送商品混凝土(梁) 人工*1.4	
换泵送商品混凝土 C20	0433026 泵送商品混凝土 C40

图4.26

b. 批量系数换算。若清单中的材料进行换算的系数相同时,可选中所有换算内容相同的清单项,单击常用功能中的"批量系数换算",对材料进行换算,如图4.27所示。

批量换算

替换人材机　删除人材机　恢复

	编码	类别	名称	规格型号	单位	调整系数前数量	调整系数后数量	预算价	市场价
1	0000011	人	二类人工		工日	3.409	3.409	43	43
2	0433026	材	泵送商品混凝土	C40	m3	11.3447	11.3447	366	366
3	3115001	材	水		m3	12.2947	12.2947	2.95	2.95
4	0233041	材	草袋		m2	6.2591	6.2591	5.29	5.29
5	9913033	机	混凝土振捣器	插入式 小	台班	1.0059	1.0059	4.83	5.04
6	J00226	机	折旧费		元	0.7041	0.7041	1	1
7	J00227	机	大修理费		元	0.1207	0.1207	1	1
8	J00228	机	经常修理费		元	0.5935	0.5935	1	1
9	J00232	机	电		kW·h	4.0236	4.0236	0.854	0.908

设置工料机系数

人工:1　材料:1　机械:1　设备:1　主材:1　单价:1　高级...

确定　取消

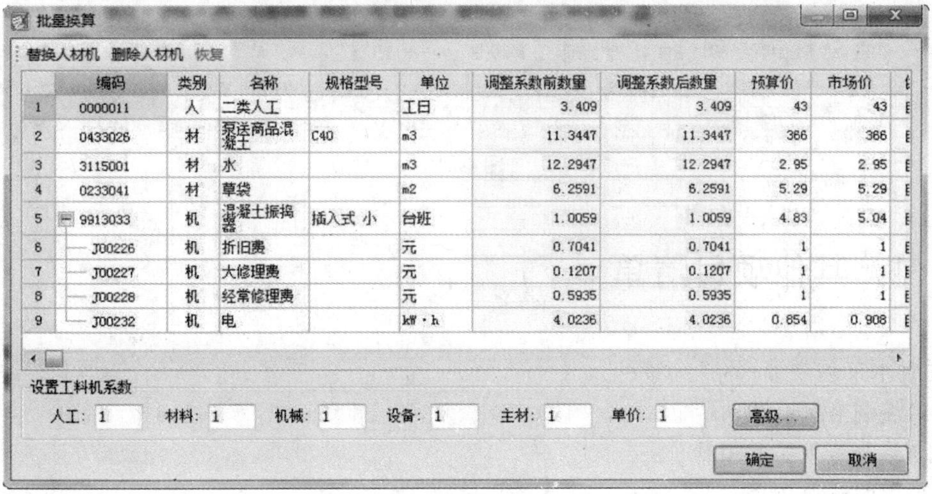

图4.27

③修改材料名称。当项目特征中要求材料与子目相对应人材机材料不相符时,需要对材料名称进行修改,下面以混凝土强度等级为例,介绍人材机中材料名称的修改。

选择需要修改的定额子目,在"工料机显示"操作界面下,在"规格及型号"一栏备注混凝土强度等级,如图4.28所示。

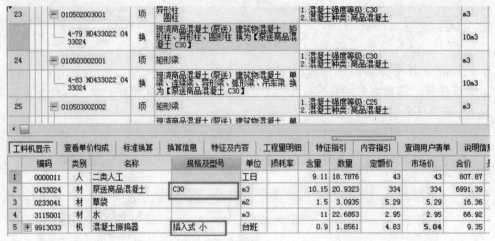

图 4.28

四、任务结果

详见报表实例。

五、总结拓展

锁定清单

在所有清单补充完整之后,可运用"锁定清单"对所有清单项进行锁定,锁定之后的清单项将不能再进行添加和删除等操作。若要进行修改,需先对清单项进行解锁,如图 4.29 所示。

图 4.29

4.4 其他项目清单

通过本节的学习,你将能够:

(1)编制暂列金额;

(2)编制专业工程暂估价;

(3)编制计日工表。

一、任务说明

①根据招标文件所述编制其他项目清单;

②按本工程控制价编制要求,本工程暂列金额为80万元;

③本工程幕墙为专业暂估工程,暂列金额为60万元。

二、任务分析

①其他项目清单中哪几项内容不能变动?

②暂估材料价如何调整? 计日工是不是综合单价? 应如何计算?

三、任务实施

(1)添加暂列金额

单击"其他项目"→"暂列金额",如图4.30所示。按招标文件要求暂列金额为800000元,在名称中输入"暂估工程价",在金额中输入"800000"。

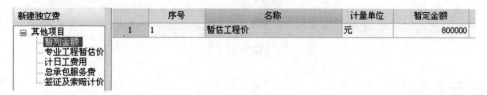

图4.30

(2)添加专业工程暂估价

单击"其他项目"→"专业工程暂估价",如图4.31所示。按照招标文件内容,玻璃幕墙(含预埋件)为暂估工程价,在工程名称中输入"玻璃幕墙工程",在金额中输入"600000"。

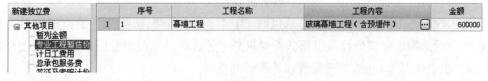

图4.31

(3)添加计日工

单击"其他项目"→"计日工费用",如图4.32所示。按招标文件要求,本项目有计日工费用,需要添加计日工,人工为60~70元/工日。

		计日工费用				1900
-	1	人工				1900
		木工	工日	10	70	700
		瓦工	工日	10	60	600
		钢筋工	工日	10	60	600
-	2	材料				0
						0
-	3	施工机械				0
						0

图4.32

添加材料时,如需增加费用行,可右键单击操作界面,选择"插入费用行"进行添加,如图4.33所示。

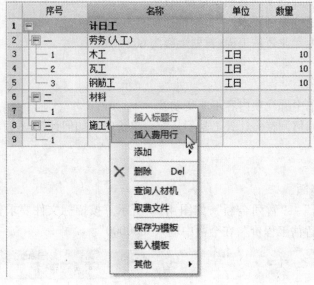

图 4.33

四、任务结果

详见报表实例。

五、总结拓展

总承包服务费

在工程建设施工阶段实行施工总承包时,当招标人在法律、法规允许的范围内对工程进行分包和自行采购供应部分设备、材料时,要求总承包人提供相关服务(如分包人使用总包人的脚手架、水电接剥等)和施工现场管理等所需的费用。

4.5 编制措施项目

通过本节的学习,你将能够:

(1)编制安全文明施工费;

(2)编制脚手架、模板、大型机械等技术措施项目费。

一、任务说明

根据招标文件所述编制措施项目:

①参照定额及造价文件计取安全文明施工费；

②编制垂直运输、脚手架、大型机械进出场费用；

③提取分部分项模板子目，完成模板费用的编制。

二、任务分析

①措施项目中按项计算与按量计算有什么不同？分别如何调整？

②安全文明施工费与其他措施费有什么不同？

三、任务实施

①本工程安全文明施工费足额计取，在对应的计算基数和费率一栏中填写即可。

②依据定额计算规则，选择对应的二次搬运费率和夜间施工增加费费率。本项目不考虑二次搬运、夜间施工及冬雨季施工。

③提取模板子目，正确选择对应模板子目以及需要计算超高的子目。在措施项目界面下选择"提取模板子目"，如图4.34所示。

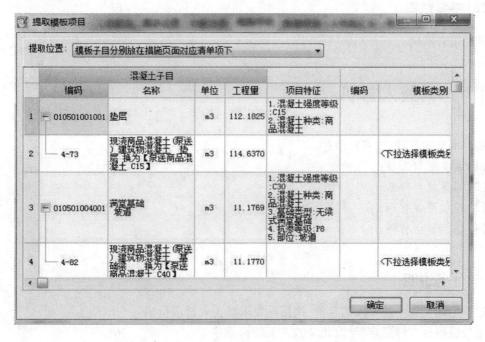

图 4.34

如果是从图形软件导入结果，就可以省略上面操作。

④完成垂直运输和脚手架的编制，如图4.35所示。

序号	类别	名称	单位	项目特征	组价方式	工程量表达式	工程量
□		脚手架工程					
□ 011701001001		综合脚手架—地上	m2	1、檐口高度：20M内 2、层高：6M内	可计量清单	3641.4411	3641.4411
16-5	定	综合脚手架 建筑物檐高20m以内 层高6m以内	100m2			3717.96	37.1796
□ 011701001002		综合脚手架—地下 地下室层数：地下一层	m2	1.地下室层数：地下一层	可计量清单	967.13	967.13
16-26	定	综合脚手架 地下室 一层	100m2			967.13	9.6713
□ 011701006001		满堂脚手架 层高：5.2M内	m2	1.层高：5.2M内	可计量清单	3509.6049	3509.6049
16-40	定	单项脚手架 满堂脚手架 基本层3.6m~5.2m	100m2			4553.26	45.5326
□ 011701006002		满堂脚手架 层高：7.8M	m2	1.层高：7.8M	可计量清单	131.8363	131.8363
16-40 + 16-41 * 3	换	单项脚手架 满堂脚手架 基本层3.6m~5.2m 实际高度(m):7.8	100m2			131.84	1.3184
□ Z011701009001		电梯井脚手架 电梯井高度：20M内	座	1.电梯井高度：20M内	可计量清单	1	1
16-42	定	单项脚手架 电梯井脚手架 高度20m以内	座			1	1
±		模板工程					
□		垂直运输					
□ 011703001001		垂直运输 1、檐口高度：20M内 地下一层 3、地下室建筑面积：1005.95m2	m2	1、檐口高度：20M内 2、层数：地上4层，地下一层 3、地下室建筑面积：1005.95m2	可计量清单	3641.4411	3641.4411
17-4	定	建筑物垂直运输 建筑物檐高20m以内	100m2			3717.96	37.1796
□ 011703001002		垂直运输 1、檐口高度：20M内 地下一层 3、地下室建筑面积：1005.95m2	m2	1、檐口高度：20M内 2、层数：地上4层，地下一层 3、地下室建筑面积：1005.95m2	可计量清单	967.13	967.13
17-1	定	地下室垂直运输 地下室层数 一层	100m2			967.13	9.6713

图 4.35

四、任务结果

详见报表实例。

4.6 调整人材机

通过本节的学习,你将能够:
(1)调整定额工日;
(2)调整材料价格;
(3)增加甲供材料;
(4)添加暂估材料。

一、任务说明

根据招标文件所述导入信息价,按招标要求修正人材机价格。
①按照招标文件规定,计取相应的人工费;
②材料价格按"杭州市 2014 年工程造价信息第 3 期"及市场价调整;
③根据招标文件,编制甲供材料及暂估材料。

二、任务分析

①有效信息价是如何导入的? 哪些类型价格需要进行调整?
②甲供材料价格如何调整?

③暂估材料价格如何调整?

三、任务实施

①在"人材机汇总"界面下,参照招标文件要求的"杭州市 2014 年工程造价信息第 3 期"对材料"市场价"进行调整,如图 4.36 所示。

编码	类别	名称	规格型号	单位	数量	预算价	浮动率	市场价	市场价合计	价差	价差合计
0000001	人	一类人工		工日	459.2847	40		60	27557.08	20	9185.69
0000011	人	二类人工		工日	9757.8939	43		70	683052.57	27	263463.14
0000021	人	三类人工		工日	8734.7796	50		80	698782.37	30	262043.39
R00005	人	人工		工日	190	43		70	13300	27	5130
0101001	材	螺纹钢	II级综合	t	302.5637	3780		3780	1143690.79	0	0
0101021	材	冷轧带肋钢筋		t	0.6793	3780		3780	2567.75	0	0
0109001	材	圆钢(综合)		t	93.4741	3850		3485	325757.24	-365	-34118.05
0109071	材	吊筋		kg	1642.7371	4.24		4.24	6965.21	0	0
0121011	材	角钢		kg	891.7825	3.65		3.65	3255.01	0	0
0123001	材	型钢		t	0.048	3850		3850	184.8	0	0
0129021	材	中厚钢板		t	0.2636	3800		3800	1001.68	0	0
0141061	材	钢丝		kg	8.1835	89.28		89.28	730.62	0	0
0153075	材	铝合金型材综合		kg	4712.3274	23.7		23.7	111682.16	0	0
0163011	材	钨棒		kg	4.0678	250		250	1016.95	0	0
0209021	材	聚乙烯薄膜		m2	397.299	0.35		0.35	139.05	0	0
0213041	材	塑胶条		m	4453.2331	2.4		2.4	10687.76	0	0

图 4.36

②按照招标文件的要求,对于甲供材料可以在供货方式处选择"完全甲供",如图 4.37 所示。

	编码	类别	名称	规格型号	单位	数量	预算价	浮动率	市场价	市场价合计	价差	价差合计	供货方式
58	0433021	材	泵送商品混凝土	C15	m3	116.3586	275		275	31998.07	0	0	完全甲供
59	0433022	材	泵送商品混凝土	C20	m3	28.6793	299		299	8575.11	0	0	购
60	0433023	材	泵送商品混凝土	C25	m3	644.7117	317		317	204373.61	0	0	自行采购
61	0433024	材	泵送商品混凝土	C30	m3	817.0943	334		334	272909.5	0	0	自行采购
62	0433026	材	泵送商品混凝土	C40	m3	11.3447	366		366	4152.16	0	0	自行采购
63	0433043	材	泵送商品抗渗混凝土	C30/P8	m3	829.1433	344		344	285225.3	0	0	自行采购

图 4.37

③按照招标文件要求,对于暂估材料表中要求的暂估材料,可以在"人材机汇总"中将暂估材料选中,如图 4.38 所示。

编码	类别	名称	规格型号	单位	是否暂估
0661151	材	瓷砖	150×220	m2	☑
0701031	材	大理石板		m2	☑
0701041	材	大理石板弧形		m2	☐
J00227	机	大修理费		元	
0679031	材	带防滑条地砖		m2	☐
9905023	机	单笼施工电梯	提升质量1t 提	台班	
0665071	材	地砖	200×200	m2	☑
0665081	材	地砖	300×300	m2	☑
0665101	材	地砖	500×500	m2	☑
0665111	材	地砖	600×600	m2	☑
J00232	机	电		kW·h	
9901068	机	电动夯实机	20~62N·m	台班	
9914087	机	电动卷扬机	带塔30m以内单	台班	
9905010	机	电动卷扬机	单筒慢速50kN	台班	
0341013	材	电焊条	E43系列	kg	☐

图 4.38

四、任务结果

详见报表实例。

五、总结拓展

(1)市场价锁定

对于招标文件要求的,如甲供材料表、暂估材料表中涉及的材料价格是不能进行调整的,为了避免在调整其他材料价格时出现操作失误,可使用"市场价锁定"对修改后的材料价格进行锁定,如图4.39所示。

编码	类别	名称	规格型号	单位	市场价锁定
0661151	材	瓷砖	150×220	m2	☑
0701031	材	大理石板		m2	☑
0701041	材	大理石板弧形		m2	☐
J00227	机	大修理费		元	☐
0679031	材	带防滑条地砖		m2	☐
9905023	机	单笼施工电梯	提升质量1t 提	台班	☐

图4.39

(2)显示对应子目

对于"人材机汇总"中出现材料名称异常或数量异常的情况,可直接右键单击相应材料,选择"显示相应子目",在分部分项中对材料进行修改,如图4.40所示。

编码	类别	名称	规格型号	单位	市场价锁定	输出标记
0661151	材	瓷砖	150×			
0701031	材	大理石板		显示对应子目		
0701041	材	大理石板弧形		市场价存档		
J00227	机	大修理费		载价		
0679031	材	带防滑条地砖		人材机无价差		
9905023	机	单笼施工电梯	提升质	部分甲供		
0665071	材	地砖	200×	批量修改		
0665081	材	地砖	300×	取消排序		
0665101	材	地砖	500×	替换材料	Ctrl+B	
0665111	材	地砖	600×	页面显示列设置		
J00232	机	电		其他	▶	
9901068	机	电动夯实机	20~62			
9914087	机	电动卷扬机	带塔30	复制格子内容	Shift+Ctrl+C	
9905010	机	电动卷扬机	单筒			
0341013	材	电焊条	E43系			

图4.40

(3)市场价存档

对于同一个项目的多个标段,发包方会要求所有标段的材料价保持一致,在调整好一个标段的材料价后,可利用"市场价存档"将此材料价运用到其他标段,如图4.41所示。

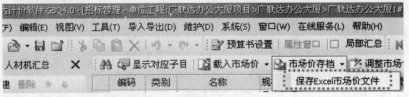

图4.41

在其他标段的"人材机汇总"中使用该市场价文件时,可运用"载入市场价",如图 4.42 所示。

图 4.42

在导入 Excel 市场价文件时,按图 4.43 所示顺序进行操作。

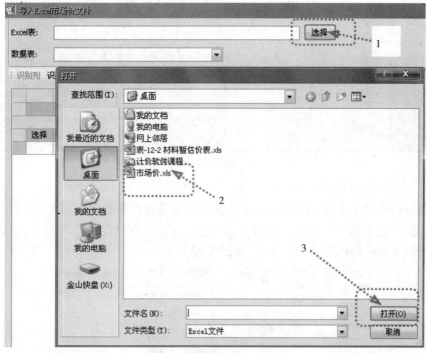

图 4.43

导入 Excel 市场价文件之后,需要先识别材料号、名称、规格、单位、单价等信息,如图 4.44 所示。

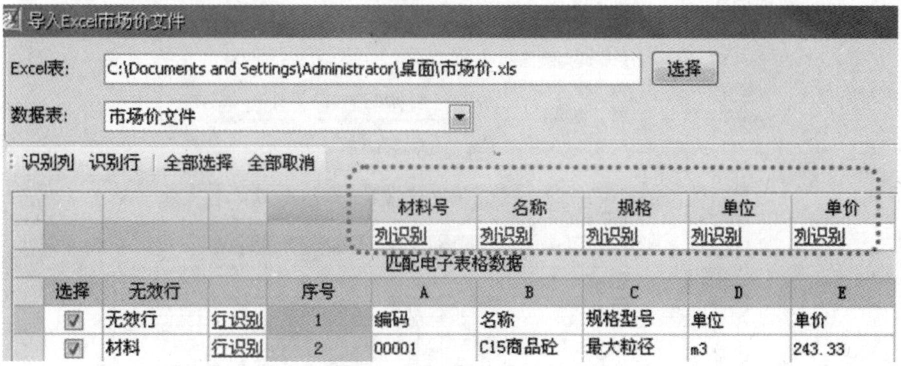

图 4.44

识别完所需要的信息之后,需要选择"匹配选项",然后单击"导入"按钮即可,如图 4.45 所示。

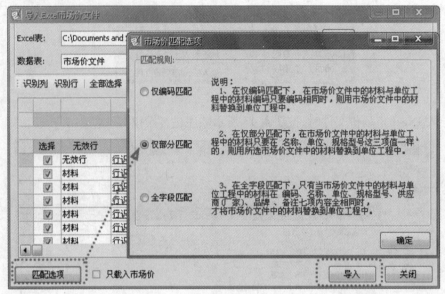

图 4.45

(4)批量修改人材机属性

在修改材料供货方式、市场价锁定、主要材料类别等材料属性时,可同时选中多个,右键单击鼠标,选择"批量修改",如图 4.46 所示。在弹出的"批量设置人材机属性"对话框中,选择需要修改的人材机属性内容进行修改,如图 4.47 所示。

编码	类别	名称	规格型号	单位	市场价锁定
0661151	材	瓷砖	150×220	m2	
0701031	材	大理石板			
0701041	材	大理石板弧形			显示对应子目
J00227	机	大修理费			市场价存档
0679031	材	带防滑条地砖			载价
9905023	机	单笼施工电梯			人材机无价差
0665071	材	地砖			部分甲供
0665081	材	地砖			批量修改
0665101	材	地砖			取消排序
0665111	材	地砖			替换材料 Ctrl+B
J00232	机	电			页面显示列设置
9901068	机	电动夯实机			其他
9914087	机	电动卷扬机			
9905010	机	电动卷扬机			复制格子内容 Shift+Ctrl+C
0341013	材	电焊条			

图 4.46

批量设置人材机属性

设置项：　主要材料类别

设置值：　[无]

确定　　取消

图 4.47

4.7　计取规费和税金

通过本节的学习,你将能够:
(1)载入模板;
(2)修改报表样式;
(3)调整规费。

一、任务说明

在预览报表状态下对报表格式及相关内容进行调整和修改,根据招标文件所述内容和定额规定计取规费、税金。

二、任务分析

①规费都包含什么项目?
②税金是如何确定的?

三、任务实施

①在"费用汇总"界面,查看"工程费用构成",如图4.48所示。

序号	费用代号	名称	计算基数	费率(%)	金额	费用类别
1	A	分部分项工程	FBFXHJ		5,688,230.08	分部分项工程费
2	B	措施项目	CSXMHJ		932,214.80	措施项目费
2.1	B1	施工技术措施项目	JSCSF		822,639.24	技术措施费
2.2	B2	施工组织措施项目	ZZCSF		109,575.56	组织措施费
其中:		安全文明施工费	CSF_AQWM		96,875.86	安全文明施工费
		其他措施项目	QTCSXMF		0.00	其他措施项目费
3	C	其他项目费	C1+C2+C3+C4		1,401,900.00	其他项目费
	C1	暂列金额	暂列金额		800,000.00	暂列金额
	C2	暂估价	专业工程暂估价		600,000.00	专业工程暂估价
	C3	计日工	计日工		1,900.00	计日工
	C4	总承包服务费	总承包服务费		0.00	总承包服务费
4	D	规费	D1+D2		112,886.15	规费
	D1	排污费、社保费、公积金	YS_RGF+JSCS_YS_RGF+YS_JXF+JSCS_YS_JXF	10.4	112,886.15	社会保障费
	D2	民工工伤保险费		0	0.00	农民工工伤保险
5	E	危险作业意外伤害保险费		0	0.00	工程意外伤害保险费
6	F	税金	A+B+C+D+E	3.513	285,790.67	税金
7	G	专业工程汇总	A+B+C+D+E+F		8,421,021.70	工程造价

图4.48

②进入"报表"界面,选择"招标控制价",单击需要输出的报表,单击右键选择"报表设计",如图4.49所示;或直接单击"报表设计器"进入"报表设计器"界面,调整列宽及行距,

如图 4.50 所示。

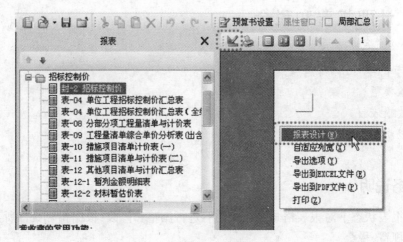

图 4.49

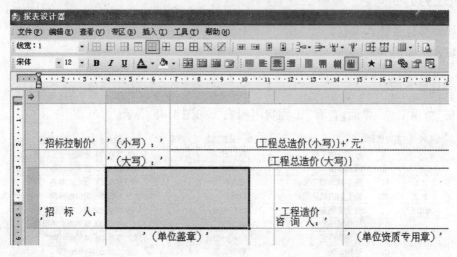

图 4.50

③单击文件,选择"报表设计预览",如需修改,关闭预览,重新调整。

四、任务结果

详见报表实例。

五、总结拓展

调整规费

如果招标文件对规费有特别要求,可在规费的费率一栏中进行调整,如图 4.51 所示。本项目没有特别要求,按软件默认设置即可。

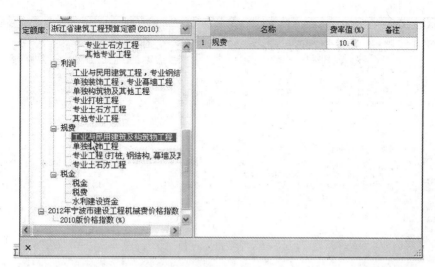

图 4.51

4.8　统一调整人材机及输出格式

通过本节的学习,你将能够:
(1)调整多个工程人材机;
(2)调整输出格式。

一、任务说明

①将 1#工程数据导入 2#工程。
②统一调整 1#和 2#的人材机。
③统一调整 1#和 2#的规费。
根据招标文件所述内容统一调整人材机和输出格式。

二、任务分析

①统一调整人材机与调整人材机有什么不同?
②输出格式一定符合招标文件要求吗? 各种模板如何载入?
③输出之前检查工作如何进行? 综合单价与项目编码如何检查?

三、任务实施

①在项目管理界面,在 2#项目中导入 1#楼数据。假设在甲方要求下需调整混凝土及钢筋市场价格,可运用常用功能中的"统一调整人材机"进行调整,如图 4.52 所示。其中人材机的调整方法及功能可参照 4.5 节的操作方法,此处不再重复讲解。

图 4.52

②统一调整取费。根据招标文件要求,可同时调整两个标段的取费,在"项目管理"界面下运用常用功能中的"统一调整取费"进行调整,如图 4.53 所示。

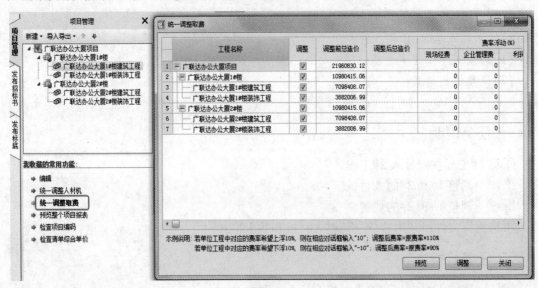

图 4.53

四、任务结果

详见报表实例。

五、总结拓展

(1)检查项目编码

所有标段的数据整理完毕之后,可运用"检查项目编码"对项目编码进行校核,如图 4.54

所示。如果检查结果中提示有重复的项目编码,可"统一调整项目清单"。

图 4.54

(2)检查清单综合单价

调整好所有的人材机信息之后,可运用常用功能中的"检查清单综合单价",对清单综合价进行检查,如图 4.55 所示。

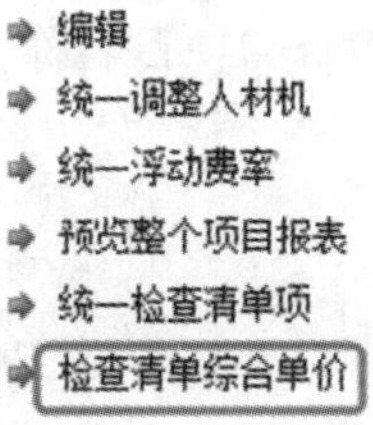

➡ 编辑
➡ 统一调整人材机
➡ 统一浮动费率
➡ 预览整个项目报表
➡ 统一检查清单项
➡ 检查清单综合单价

图 4.55

4.9　生成电子招标文件

通过本节的学习,你将能够:
(1)运用"招标书自检"并修改;
(2)运用软件生成招标书。

一、任务说明

根据招标文件所述内容生成招标书。

二、任务分析

①输出招标文件之前有检查要求吗?
②输出的文件是什么类型? 如何使用?

三、任务实施

①在"项目结构管理"界面进入"发布招标书",选择"招标书自检",如图 4.56 所示。

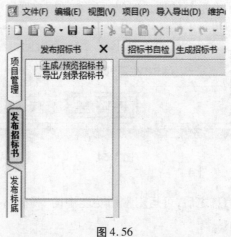

图 4.56

②在"设置检查项"界面选择需要检查的项目名称,如图 4.57 所示。

图 4.57

③根据生成的"标书检查报告"对单位工程中的内容进行修改,检查报告如图 4.58 所示。

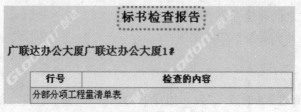

标书检查报告	
广联达办公大厦广联达办公大厦1#	
行号	**检查的内容**
分部分项工程量清单表	

图 4.58

四、任务结果

详见报表实例。

五、总结拓展

在生成招标书之后,若需要单独备份此份标书,可运用"导出招标书"对标书进行单独备份;有时会需要电子版标书,可导出后运用"刻录招标书"生成电子版进行备份,如图 4.59 所示。

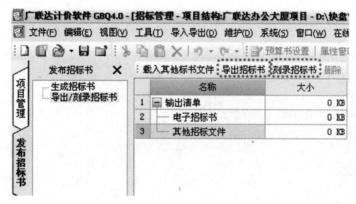

图 4.59

第 5 章 报表实例

通过本章学习,你将能够:
熟悉编制招标控制价时需要打印的表格。

一、任务说明

按照招标文件的要求,打印相应的报表,并装订成册。

二、任务分析

①招标文件的内容和格式是如何规定的?
②打印前的报表与要求之间如何检查?

三、任务实施

①检查报表样式。
②设定需要打印的报表。

四、任务结果

工程量清单招标控制价实例。

广联达办公大厦项目　工程

招标控制价

招标控制价（小写）：　　　　　　　　8311914.87

　　　　（大写）：　　　捌佰叁拾壹万壹仟玖佰壹拾肆元捌角柒分

招　标　人：＿＿＿＿＿＿＿　　　　　工程造价
　　　　　　（单位盖章）　　　　　　　咨　询　人：＿＿＿＿＿＿＿
　　　　　　　　　　　　　　　　　　　　　　　　（单位资质专用章）

法定代表人　　　　　　　　　　　　　法定代表人
或其授权人：＿＿＿＿＿＿＿　　　　　或其授权人：＿＿＿＿＿＿＿
　　　　　　（签字或盖章）　　　　　　　　　　　（签字或盖章）

编　制　人：＿＿＿＿＿＿＿　　　　　复　核　人：＿＿＿＿＿＿＿
　　　　　（造价人员签字盖专用章）　　　　　（造价工程师签字盖专用章）

编制时间：　　年　月　日　　　　　　复核时间：　　年　月　日

封-2

总 说 明

（1）工程概况

①工程概况:第一标段为广联达办公大厦 1#,总面积为 4560m²,地下一层面积为 967m²,地上四层建筑面积为 3593m²;第二标段为广联达办公大厦 2#,总面积为 4560m²,地下一层面积为 967m²,地上四层建筑面积为 3593m²。本项目现场面积为 3000m²。本工程采用履带式挖掘机 1m³ 以上。

②工程地点:杭州市区。

（2）工程招标和分包范围

①招标范围:第一标段及第二标段建筑施工图内除卫生间内装饰外的全部内容。

②分包范围:无。

（3）工程量清单编制依据

本工程的招标控制价依据《建设工程工程量清单计价规范》(GB 50500—2013)、《浙江省建筑工程预算定额》(2010 版)及配套解释、相关规定,结合工程设计及相关资料、施工现场情况、工程特点及合理的施工方法,以及建设工程项目的相关标准、规范、技术资料进行编制。

（4）工程质量、材料、施工等特殊要求

本工程质量目标:合格;计划工期为 180 天,经计算定额工期 210 天,合同约定开工日期为 2014 年 3 月 1 日。

（5）其他需要说明的问题

①除暂估材料及甲供材料外,材料价格按"杭州市 2014 年工程造价信息第 3 期"及市场价计取。

②人工费按一类 60 元/工日,二类 70 元/工日,三类 80 元/工日取定。

③安全文明等组织措施费按现行规定计取。

④规费足额计取,暂不考虑危险作业意外伤害保险。

⑤暂列金额为 80 万元。

⑥幕墙工程(含预埋件)为暂估专业工程 60 万元。

⑦土方外运暂定机械装土,自卸汽车运土,运距 1km。

⑧全部采用商品混凝土,运距 10km。

⑨不考虑总承包服务费及施工配合费。

⑩暂估材料及甲供材料。

甲供材:

序号	名　称	规格型号	单位	单价(元)
1	C15 商品混凝土	最大粒径 20mm	m³	340
2	C20 商品混凝土	最大粒径 20mm	m³	350
3	C25 商品混凝土	最大粒径 20mm	m³	365
4	C30 商品混凝土,P8 抗渗	最大粒径 20mm	m³	355
5	C30 商品混凝土	最大粒径 20mm	m³	380
7	C35 商品混凝土	最大粒径 20mm	m³	390

材料暂估单价表:

序号	名　称	规格型号	单位	单价(元)
1	大理石板		m²	180
2	瓷砖	150×220	m²	25
3	地砖	200×200	m²	28
4	地砖	300×300	m²	30
5	地砖	500×500	m²	65
6	地砖	600×600	m²	80

工程项目招标控制价汇总表

单位工程名称:广联达办公大厦　　　　　　　　　　　　　　第1页 共1页

序　号	单项工程名称	金额(元)
1	广联达办公大厦	8311914.87
1.1	广联达办公大厦	8309948.13
合　计		8311914.87

单位工程招标控制价计算表

单位工程名称:广联达办公大厦　　　　　　　　　　　　　　　第1页 共1页

序　号	汇总内容	计算公式	金额(元)
1	分部分项工程	分部分项合计	5584291.74
2	措施项目	施工技术措施项目+施工组织措施项目	930557.01
2.1	施工技术措施项目	措施项目(二)	822639.24
2.2	施工组织措施项目	措施项目(一)	107917.77
其中:	安全文明施工费	安全文明施工费	95410.22
	其他措施项目费	其他措施项目费	
3	其他项目	暂列金额+暂估价+计日工+总承包服务费	1403800
3.1	暂列金额	专业暂列金额合计	800000
3.2	暂估价	专业专业工程暂估价合计	600000
3.3	计日工	专业计日工合计	3800
3.4	总承包服务费	专业总承包服务费合计	
4	规费	规费1+规费3	111178.3
5	危险作业意外伤害保险费	工程意外伤害保险费	
6	税金	分部分项工程+措施项目+其他项目+规费+危险作业意外伤害保险费	282087.82
	合　计	1+2+3+4+5	8311914.87

专业工程招标控制价计算表

单位工程名称：广联达办公大厦　　　　　　　　　　　　　　　　第 1 页 共 1 页

序　号	费用名称	计算公式	金额(元)
1	分部分项工程	分部分项合计	5584291.74
2	措施项目	措施项目合计	930557.01
2.1	施工技术措施项目	技术措施项目合计	822639.24
2.2	施工组织措施项目	组织措施项目合计	107917.77
其中：	安全文明施工费	安全及文明施工措施费	95410.22
	其他措施项目	其他措施项目费	
3	其他项目费	暂列金额+暂估价+计日工+总承包服务费	1401900
	暂列金额	暂列金额	800000
	暂估价	专业工程暂估价	600000
	计日工	计日工	1900
	总承包服务费	总承包服务费	
4	规费	排污费、社保费、公积金+民工工伤保险费	111178.3
	民工工伤保险费		
6	税金	分部分项工程+措施项目+其他项目费+规费+危险作业意外伤害保险费	282021.08
合　　计		1+2+3+4+5	8309948.13

工程量清单综合单价工料机分析表

单位工程名称:广联达办公大厦   第1页 共1页

项目编码	010101001001		项目名称	平整场地	计量单位	m²
清单综合单价组成明细						
序号	名称及规格		单 位	数 量	金额(元)	
					单价	合价
1	人工	一类人工	工日	0.0011	60	0.07
	人工费小计					0.07
2	材料					
	材料费小计					
3	机械	履带式推土机 功率90kW 大	台班	0.0006	705.64	0.42
		自行式铲运机 堆装斗容量7m³ 大	台班	0.0001	707.89	0.07
	机械费小计					0.49
4	直接工程费(1+2+3)					0.5
5	管理费					0.1
6	利润					0.04
7	风险费用					
8	综合单价(4+5+6+7)					0.64

工程量清单综合单价计算表

单位工程名称：广联达办公大厦

序号	编码	名称	计量单位	数量	综合单价(元)							合计(元)
					人工费	材料费	机械费	管理费	利润	风险费用	小计	
	A	建筑工程										
	A.1	土石方工程										
1	010101001001	平整场地	m²	1085.7169	0.06		0.44	0.1	0.04		0.64	694.86
	1-22	机械土方 场地机械平整±30cm以内	1000m²	1.445	48		331.76	74.05	32.28		486.09	702.4
2	010101002001	挖一般土方	m³	5690.7239	1.66		2.34	0.78	0.34		5.12	29136.51
	1-35	机械土方 反铲挖掘机挖三类土 深度6m以内	1000m³	5.6907	1662		2341.02	780.59	340.26		5123.87	29158.41
3	010101002002	挖一般土方	m³	118.2423	1.66		2.34	0.78	0.34		5.12	605.4
	1-35	机械土方 反铲挖掘机挖三类土 深度6m以内	1000m³	0.1182	1662		2341.02	780.59	340.26		5123.87	605.64
4	010101004001	挖基坑土方	m³	63.0963	18.9			3.69	1.61		24.2	1526.93
	1-8	人工土方 挖地槽 地坑深1.5m以内 三类土	100m³	0.631	1890			368.55	160.65		2419.2	1526.52
5	010103001001	回填方	m³	1092.8925	8.04		0.45	1.66	0.72		10.87	11879.74
	1-18	人工土方 就地回填土 夯实	100m³	10.9289	804		45.36	165.63	72.2		1087.19	11881.79
6	010103001002	回填方-房心回填	m³	574.0962	8.04		0.45	1.66	0.72		10.87	6240.43
	1-18	人工土方 就地回填土 夯实	100m³	5.741	804		45.36	165.63	72.2		1087.19	6241.56
7	010103002001	余方弃置	m³	5621.771	0.58		6.17	1.32	0.57		8.64	48572.1
	1-67	机械土方 自卸汽车运土 1000m以内	1000m³	5.62177	288		5003.49	1031.84	449.78		6773.11	38076.87
	1-66	机械土方 装载机装土	1000m³	5.62177	288		1170.57	284.42	123.98		1866.97	10495.68
	A.4	砌筑工程										
8	010401003001	实心砖墙	m³	22.1681	93.8	208.25	2.3	18.74	8.17		331.26	7343.4
	3-20换	混凝土实心砖 墙厚 1砖墙 换为[混合砂浆 M5.0]	10m³	2.2168	938	2082.51	23.03	187.4	81.69		3312.63	7343.44

分部分项工程量清单与计价表

单位工程名称:广联达办公大厦 　　　　　　　　　　　　　　　　　　　　第 1 页 共 14 页

序号	项目编码	项目名称	项目特征	计量单位	工程量	综合单价(元)	合价(元)	其中(元)		备注
								人工费	机械费	
A		建筑工程					5583896.83	1064399	91983.33	
A.1		土石方工程					98655.97	27563.76	49507.17	
1	010101001001	平整场地	1.土壤类别:三类干土 2.工作内容:建筑场地挖填厚度30cm以内	m²	1085.7169	0.64	694.86	65.14	477.72	
2	010101002001	挖一般土方	1.土壤类别:三类干土 2.挖土类型:大开挖 3.挖土深度:5m以内 4.弃土运距:1km以内场区调配	m³	5690.7239	5.12	29136.51	9446.6	13316.29	
3	010101002002	挖一般土方	1.土壤类别:三类干土 2.挖土类型:大开挖土方 3.部位:坡道 4.挖土平均深度:3m以内 5.弃土运距:1km以内场区内调配	m³	118.2423	5.12	605.4	196.28	276.69	
4	010101004001	挖基坑土方	1.土壤类别:三类干土 2.挖土类型:挖地坑 3.部位:电梯基坑和集水坑 4.挖土深度:1.5m以内 5.弃土运距:1km内场区调配	m³	63.0963	24.2	1526.93	1192.52		
5	010103001001	回填方	1.土质要求:2∶8灰土 2.夯填(碾压):夯实	m³	1092.8925	10.87	11879.74	8786.86	491.8	
6	010103001002	回填方-房心回填	1.土质要求:素土 2.夯填(碾压):夯实	m³	574.0962	10.87	6240.43	4615.73	258.34	
7	010103002001	余方弃置	1.废弃料品种:三类干土 2.运距:5km	m³	5621.771	8.64	48572.1	3260.63	34686.33	
A.4		砌筑工程					206451.68	35112.33	977.4	
			本页小计				98655.97	27563.76	49507.17	

分部分项工程量清单与计价表

单位工程名称:广联达办公大厦

序号	项目编码	项目名称	项目特征	计量单位	工程量	综合单价(元)	合价(元)	其中(元)		备注
								人工费	机械费	
8	010401003001	实心砖墙	1.砖品种、规格、强度等级:MU 10 级混凝土实心砖 2.部位:女儿墙 3.墙体厚度:250mm 4.砂浆强度等级、配合比:M5 混合砂浆	m³	22.1681	331.26	7343.4	2079.37	50.99	
9	010401003002	实心砖墙弧形	1.砖品种、规格、强度等级:MU 10 级混凝土实心砖 2.部位:女儿墙 3.墙体厚度:250mm 4.砂浆强度等级、配合比:M5 混合砂浆 5.墙体类型:弧形墙	m³	3.733	331.28	1236.67	350.16	8.59	
10	010402001001	砌块墙	1.墙体厚度:200mm 2.砌块品种、规格、强度等级:蒸压轻质加气混凝土砌块(砂加气,不含粉煤灰) 3.砂浆强度等级、配合比:砂加气混凝土砌块专用粘结砂浆	m³	330.0479	329.99	108912.51	17773.08	363.05	
11	010402001002	砌块墙	1.墙体厚度:200mm 2.砌块品种、规格、强度等级:蒸压轻质加气混凝土砌块(砂加气,不含粉煤灰) 3.砂浆强度等级、配合比:砂加气混凝土砌块专用粘结砂浆	m³	47.2751	330.35	15617.33	2548.13	52	
12	010402001003	砌块墙	1.墙体厚度:250mm 2.砌块品种、规格、强度等级:蒸压轻质加气混凝土砌块(砂加气,不含粉煤灰) 3.砂浆强度等级、配合比:砂加气混凝土砌块专用粘结砂浆	m³	132.6325	323.74	42938.45	6498.99	131.31	
			本页小计				176048.36	29249.73	1193.34	

分部分项工程量清单与计价表

单位工程名称:广联达办公大厦　　　　　　　　　　　　　　　　　　　第 3 页 共 14 页

| 序号 | 项目编码 | 项目名称 | 项目特征 | 计量单位 | 工程量 | 综合单价(元) | 合价(元) | 其中(元) | | 备注 |
								人工费	机械费	
13	010402001004	砌块墙	1. 墙体厚度:250mm 2. 砌块品种、规格、强度等级:蒸压轻质加气混凝土砌块(砂加气,不含粉煤灰) 3. 砂浆强度等级、配合比:砂加气混凝土砌块专用粘结砂浆 4. 墙体类型:弧形墙	m³	18.2299	337.67	6155.69	982.59	18.05	
14	010402001005	砌块墙	1. 墙体厚度:100mm 2. 砌块品种、规格、强度等级:蒸压轻质加气混凝土砌块(砂加气,不含粉煤灰) 3. 砂浆强度等级、配合比:砂加气混凝土砌块专用粘结砂浆 4. 墙体部位:-1~4层排风井墙体	m³	10.2882	346.54	3565.27	682.72	14.4	
15	010402001006	砌块墙	1. 墙体厚度:120mm 2. 砌块品种、规格、强度等级:蒸压轻质加气混凝土砌块(砂加气,不含粉煤灰) 3. 砂浆强度等级、配合比:砂加气混凝土砌块专用粘结砂浆 4. 墙体部位:排风井出屋面墙体	m³	0.5921	347.23	205.59	39.37	0.83	
16	010404001001	垫层	1. 150mm 厚碎石灌浆垫层	m³	79.1985	258.55	20476.77	4157.92	338.18	
	A.5	混凝土及钢筋混凝土工程					2837920.88	283826.8	31724.75	
17	010501001001	垫层	1. 混凝土强度等级:C15 2. 混凝土种类:商品混凝土	m³	112.1825	385.99	43301.32	2455.67	109.94	
			本页小计				73704.64	8318.27	481.4	

分部分项工程量清单与计价表

单位工程名称:广联达办公大厦　　　　　　　　　　　　　　　　　第4页 共14页

序号	项目编码	项目名称	项目特征	计量单位	工程量	综合单价(元)	合价(元)	其中(元)		备注
								人工费	机械费	
18	010501004001	满堂基础坡道	1.混凝土强度等级:C30 2.混凝土种类:商品混凝土 3.基础类型:无梁式满堂基础 4.抗渗等级:P8 5.部位:坡道	m³	11.1769	429.96	4805.62	238.63	5.03	
19	010501004002	满堂基础	1.混凝土强度等级:C30 2.混凝土种类:商品混凝土 3.基础类型:有梁式满堂基础 4.抗渗等级:P8	m³	642.2223	394.43	253311.74	13711.45	289	
20	010502001001	矩形柱	1.混凝土强度等级:C30 2.混凝土种类:商品混凝土	m³	80.22	471.94	37859.03	5115.63	36.1	
21	010502001002	矩形柱	1.混凝土强度等级:C25 2.混凝土种类:商品混凝土	m³	80.196	456.71	36626.32	5114.1	36.09	
22	010502002001	构造柱	1.混凝土强度等级:C25 2.混凝土种类:商品混凝土	m³	59.0282	516.53	30489.84	6569.84	40.14	
23	010502003001	异形柱圆柱	1.混凝土强度等级:C30 2.混凝土种类:商品混凝土	m³	20.6227	471.94	9732.68	1315.11	9.28	
24	010503002001	矩形梁	1.混凝土强度等级:C30 2.混凝土种类:商品混凝土	m³	158.7474	439.13	69710.75	5667.28	71.44	
25	010503002002	矩形梁	1.混凝土强度等级:C25 2.混凝土种类:商品混凝土	m³	111.6985	423.91	47350.11	3987.64	50.26	
26	010503004001	圈梁	1.混凝土强度等级:C25 2.混凝土种类:商品混凝土	m³	21.9601	454.52	9981.3	1229.77	14.93	
			本页小计				499867.39	42949.45	552.27	

分部分项工程量清单与计价表

单位工程名称：广联达办公大厦   第 5 页 共 14 页

序号	项目编码	项目名称	项目特征	计量单位	工程量	综合单价(元)	合价(元)	其中(元)		备注
								人工费	机械费	
27	010503005001	过梁	1.混凝土强度等级：C25 2.混凝土种类：商品混凝土	m³	3.5277	454.59	1603.66	197.59	2.43	
28	010503006001	弧形梁	1.混凝土强度等级：C30 2.混凝土种类：商品混凝土	m³	2.5664	439.07	1126.83	91.62	1.15	
29	010503006002	弧形梁	1.混凝土强度等级：C25 2.混凝土种类：商品混凝土	m³	5.1329	423.91	2175.89	183.24	2.31	
30	010504001001	直形墙电梯井壁	1.部位：电梯井壁 2.混凝土强度等级：C30 3.混凝土种类：商品混凝土	m³	69.855	462.34	32296.76	3882.54	31.43	
31	010504001002	直形墙	1.混凝土强度等级：C30 2.混凝土种类：商品混凝土 3.部位：地下室外墙 4.抗渗等级：P8	m³	174.6682	436.96	76323.02	9708.06	78.6	
32	010504001003	直形墙	1.混凝土强度等级：C30 2.混凝土种类：商品混凝土 3.墙厚：100mm 以上	m³	153.7781	462.34	71097.77	8546.99	69.2	
33	010504001004	直形墙	1.混凝土强度等级：C25 2.混凝土种类：商品混凝土 3.墙厚：100mm 以上	m³	125.505	447.11	56114.54	6975.57	56.48	
34	010505003001	平板	1.混凝土强度等级：C30 2.混凝土种类：商品混凝土	m³	309.5799	460.94	142697.76	10615.49	328.15	
35	010505003002	平板	1.混凝土强度等级：C25 2.混凝土种类：商品混凝土	m³	186.2878	440.24	82011.34	6315.16	195.6	
			本页小计				465447.57	46516.26	765.35	

分部分项工程量清单与计价表

单位工程名称:广联达办公大厦

序号	项目编码	项目名称	项目特征	计量单位	工程量	综合单价(元)	合价(元)	其中(元)		备注
								人工费	机械费	
36	010505008001	雨篷、悬挑板、阳台板	1.混凝土强度等级:C25 2.混凝土种类:商品混凝土 3.部位:雨篷含翻沿	m³	0.8278	454.38	376.14	46.08	0.62	
37	010505008002	雨篷、悬挑板、阳台板	1.混凝土强度等级:C25 2.混凝土种类:商品混凝土 3.部位:飘窗	m³	1.1625	453.14	526.78	62.25	0.87	
38	010506001001	直形楼梯	1.混凝土强度等级:C25 2.混凝土种类:商品混凝土 3.类型:直形楼梯 4.底板厚度:120mm	m²	112.5375	107.35	12080.9	1378.58	18.01	
39	010507001001	散水、坡道散水	1.60mm 厚 C15 混凝土,撒1:1水泥砂子,压实抹光	m²	96.1194	95.12	9142.88	2516.41	195.12	
40	010507003001	电缆沟、地沟	1.混凝土强度等级:C25 2.混凝土拌合料要求:商品混凝土	m	6.95	69.23	481.15	105.43	14.6	
41	010507004001	台阶	1.混凝土强度等级:C25 2.混凝土拌合料要求:商品混凝土	m²	174.93	182.51	31926.47	12245.1	565.02	
42	010507005001	扶手、压顶	1.混凝土强度等级:C25 2.混凝土种类:商品混凝土 3.部位:女儿墙压顶	m³	9.2683	539.57	5000.9	940.73	6.4	
43	010507007001	其他构件门槛	1.混凝土强度等级:C20 2.混凝土种类:自拌混凝土	m³	0.119	483.72	57.56	19.94	1.32	
44	HJD-1001001	后浇带	1.混凝土强度等级:C35 2.混凝土种类:商品混凝土	m³	3.6708	407.44	1495.63	93.79	7.08	
			本页小计				61088.41	17408.31	809.04	

分部分项工程量清单与计价表

单位工程名称:广联达办公大厦   第7页 共14页

序号	项目编码	项目名称	项目特征	计量单位	工程量	综合单价(元)	合价(元)	其中(元) 人工费	其中(元) 机械费	备注
45	010508001001	后浇带	1.混凝土强度等级:C35/P8 2.混凝土种类:商品混凝土	m³	14.57	407.42	5936.11	372.26	28.12	
46	010508001002	后浇带	1.混凝土强度等级:C35 2.混凝土种类:商品混凝土	m³	9.6029	407.42	3912.41	245.35	18.53	
47	010512008001	沟盖板、井盖板、井圈	1.部位:窨井、地沟铸铁盖板	m²	4.865	583.15	2837.02	34.06	1.17	
48	010515001001	现浇构件钢筋	1.钢筋种类、规格:圆钢综合	t	90.794	4600.21	417671.47	65589.59	4760.33	
49	010515001002	现浇构件钢筋	1.钢筋种类、规格:螺纹钢综合	t	296.537	4484.46	1329808.32	106486.4	23803.02	
50	010515001003	现浇构件钢筋	1.钢筋种类、规格:冷扎带肋钢筋	t	0.666	5038.99	3355.97	578.09	16.23	
51	010507007002	其他构件	1.构件的类型:栏板	m³	0.19	481.05	91.4	27.54	2.1	
52	010516002001	预埋铁件	预理铁件	t	0.475	9691.56	4603.49	1163.75	858.65	
	A.8	门窗工程					303755.72	33905.97	1601.21	
53	010801001001	木质门-装饰夹板门	1.部位:M1、M2 2.类型:拼花装饰实心装饰夹板门(带框),含五金	m²	135.45	214.82	29097.37	10655.85	117.84	
54	010801004001	木质防火门	1.成品木质丙级防火检修门,含五金	m²	29.5	265.72	7838.74	2518.42	28.03	
55	010802001001	金属(塑钢)门-铝合金平开门	1.断桥铝合金 low-e 中空玻璃门,含玻璃、五金配件	m²	6.3	531.61	3349.14	287.15	21.36	
56	010802001002	金属(塑钢)门-铝合金推拉门	1.断桥铝合金 low-e 中空玻璃门,含玻璃、五金配件	m²	6.3	354.3	2232.09	212.31		
57	010802003001	钢质防火门	1.成品钢质甲级防火门,含五金	m²	5.88	520.66	3061.48	163.76		
58	010802003002	钢质防火门	1.成品钢质乙级防火门,含五金	m²	27.72	520.66	14432.7	772		
59	010807001001	金属(塑钢、断桥)窗	1.断桥铝合金 low-e 中空玻璃	樘	174	1335.91	232448.34	18402.24	1367.64	
		本页小计					2060676.05	207508.77	31023.02	

分部分项工程量清单与计价表

单位工程名称:广联达办公大厦　　　　　　　　　　　　　　　　　第 8 页 共 14 页

序号	项目编码	项目名称	项目特征	计量单位	工程量	综合单价(元)	合价(元)	其中(元)		备注
								人工费	机械费	
60	010807007001	金属(塑钢、断桥)飘窗	1.断桥铝合金 low-e 中空玻璃窗	m²	24.3	464.85	11295.86	894.24	66.34	
	A.9	屋面及防水工程					228534.59	53673.82	1522.95	
61	010902001001	屋面卷材防水屋面1上人屋面	1.8~10mm 厚防滑地砖,建筑胶砂浆粘贴 2.3mm 厚纸筋灰隔离层 3.3mm 厚高聚物改性沥青防水卷材 4.20mm 厚1:3 水泥砂浆找平 5.最薄处 30mm 厚砾石砂浆找坡2%	m²	753.546	111.71	84178.62	25710.99	489.8	
62	010902001002	屋面卷材防水屋面2坡屋面	1.20mm 厚1:2 水泥砂浆保护层 2.3mm 厚纸筋灰隔离层 3.3mm 厚高聚物改性沥青防水卷材 4.20mm 厚水泥砂浆找平	m²	69.7621	67.85	4733.36	1326.88	29.3	
63	010902001003	屋面卷材防水屋面3不上人屋面	1.20mm 厚1:2.5 水泥砂浆保护层 2.50mm 厚 C30 细石混凝土(内配φ6@200 双向钢筋网) 3.3mm 厚自粘防水卷材 4.1.5mm 厚聚氨酯涂膜防水层 5.20mm 厚1:3 水泥砂浆找平层	m²	193.571	132.57	25661.71	5911.66	228.41	
64	010902002001	屋面涂膜防水	1.位置:烟道盖板 2.1.5mm 厚聚氨酯涂膜防水层	m²	6.6144	50.96	337.07	105.83	1.52	
65	010902002002	屋面涂膜防水	1.位置:烟道盖板 2.1.5mm 厚聚氨酯涂膜防水层	m²	3.1188	28.51	88.92	10.26		
			本页小计				126295.54	33959.86	815.37	

分部分项工程量清单与计价表

单位工程名称:广联达办公大厦 　　　　　　　　　　　　第 9 页 共 14 页

序号	项目编码	项目名称	项目特征	计量单位	工程量	综合单价(元)	合价(元)	其中(元)		备注
								人工费	机械费	
66	010902003001	屋面刚性层-雨篷顶面防水	1.防水层:刷热沥青一道 2.防水砂浆:20mm厚防水砂浆	m²	4.725	34.3	162.07	34.45	0.95	
67	010903001001	墙面卷材防水-筏板基础侧壁防水(同外墙)	1.涂膜品种:湿铺法,自粘型防水卷材,立面	m²	40.627	40.8	1657.58	275.86		
68	010903001002	墙面卷材防水-筏板基础侧壁防水(同外墙)	1.涂膜品种:湿铺法,自粘型防水卷材,立面	m²	63.0225	40.79	2570.69	427.92		
69	010903001003	墙面卷材防水	1.涂膜品种:湿铺法,自粘型防水卷材 2.防水部位:外墙防水	m²	32.7145	40.79	1334.42	222.13		
70	010903002001	墙面涂膜防水	1.涂膜品种:1.5mm厚聚氨酯涂膜防水 2.防水部位:风井外墙外立面	m²	6.26	31.45	196.88	28.86		
71	010903003001	墙面砂浆防水	1.砂浆厚度配合比:1:2.5 防水水泥砂浆 2.防水部位:集水坑内部	m²	3.4863	18.24	63.59	30.78	0.73	
72	010904001001	楼(地)面卷材防水-筏板基础底部防水、地下室顶板	1.卷材品种:湿铺法,自粘型防水卷材,平面 2.防水部位:筏板底部 3.保护层:50mm 厚C20 细石混凝土保护层	m²	965.3038	68.68	66297.06	13938.99	772.24	
73	010904001002	楼(地)面卷材防水-地下室顶板	1.卷材品种:湿铺法,自粘型防水卷材,平面 2.防水部位:地下室顶板	m²	813.7888	38.05	30964.66	3946.88		
			本页小计				103246.95	18905.87	773.92	

分部分项工程量清单与计价表

单位工程名称:广联达办公大厦　　　　　　　　　　　　　　　第 10 页 共 14 页

序号	项目编码	项目名称	项目特征	计量单位	工程量	综合单价(元)	合价(元)	人工费	机械费	备注
74	010904001003	楼(地)面卷材防水-集水坑底部防水	1.卷材品种:湿铺法,自粘型防水卷材 2.防水部位:集水坑	m²	23.4475	38.05	892.18	113.72		
75	010904002001	楼(地)面涂膜防水	1.涂膜品种:1.5mm厚聚氨酯涂膜防水 2.防水部位:楼地面 3.翻边高度:150mm	m²	248.96	28.5	7095.36	819.08		
76	010902004001	屋面排水管	1.排水管品种、规格:塑料排水管	m	136.2	16.89	2300.42	769.53		
A.10		保温、隔热、防腐工程					130054.29	36750.35	609.61	
77	011001001001	保温隔热屋面	1.保温隔热材料品种、规格:50mm厚挤塑聚苯乙烯保温板	m²	1019.9978	34.55	35240.92	5059.19	20.4	
78	011001003001	保温隔热墙面	1.保温隔热材料品种、规格:35mm厚聚苯颗粒保温砂浆 2.部位:砌体墙	m²	1514.8615	41.46	62806.16	24783.13	545.35	
79	011001003002	保温隔热墙面	1.保温隔热材料品种、规格:聚苯乙烯泡沫保温板 2.部位:混凝土墙	m²	1096.5127	29.19	32007.21	6908.03	43.86	
A.11		楼地面装饰工程					713506.32	121073.5	3360.87	
80	011101001001	水泥砂浆楼地面地面2	1.20mm厚1:2.5水泥砂浆压实抹光 2.30mm厚C15混凝土随打随抹 3.部位:地面2	m²	342.6888	57.72	19780	6483.67	356.4	
81	011101001002	水泥砂浆楼地面	1.20mm厚1:2水泥砂浆找平 2.20mm厚1:3水泥砂浆地面 3.部位:管井	m²	35.6888	22.33	796.93	431.12	12.49	
		本页小计					160919.18	45367.47	1588.11	

分部分项工程量清单与计价表

单位工程名称:广联达办公大厦

序号	项目编码	项目名称	项目特征	计量单位	工程量	综合单价(元)	合价(元)	其中(元)		备注
								人工费	机械费	
82	011101003001	细石混凝土楼地面地面1	1.40mm 厚 C20 细石混凝土,表面撒1∶2 水泥中粗砂压实抹光 2.部位:地面1	m²	494.1463	55.62	27484.42	8440.02	602.86	
83	011102001001	石材楼地面楼面3	1.20mm 厚 1∶2.5 水泥砂浆 2.20mm 厚 1∶3 水泥砂浆找平层 3.部位:楼面3 大理石楼地面	m²	2341.1068	224.6	525812.59	67119.53	1732.42	
84	011102003001	块料楼地面楼面1	1.8～10mm 厚防滑地砖楼面,擦缝 2.15mm 厚 1∶1 水泥砂浆结合层 3.20mm 厚 1∶3 水泥砂浆找平层 4.部位:楼面1 防滑地砖楼地面	m²	365.2588	103.8	37913.86	9909.47	208.2	
85	011102003002	块料楼地面楼面2	1.8～10mm 厚防滑地砖楼面,擦缝 2.20mm 厚干硬性砂浆粘结层 3.20mm 厚 1∶3 水泥砂浆找平层 4.30mm 厚 C15 混凝土 5.部位:楼面2 防滑地砖防水楼地面	m²	212.21	158.16	33563.13	9383.93	250.41	
86	011102003003	块料楼地面地面3	1.防滑地砖地面 2.20mm 厚 1∶3 水泥砂浆找平 3.50mm 厚 C10 混凝土 4.50mm 厚碎石灌浆垫层 5.部位:地面3	m²	27.5125	125.32	3447.87	1022.64	35.49	
87	011102003004	块料楼地面平台	1.5～10mm 厚防滑地砖楼面,擦缝 2.20mm 厚 1∶3 水泥砂浆找平层 3.部位:平台	m²	1.3275	103.96	138.01	36.12	0.76	
88	011105001001	水泥砂浆踢脚线	1.8mm 厚 1∶3 水泥砂浆面 2.6mm 厚 1∶2.5 水泥砂浆打底	m²	52.4472	27.42	1438.1	1145.45	13.11	
			本页小计				629797.98	97057.16	2843.25	

分部分项工程量清单与计价表

单位工程名称:广联达办公大厦　　　　　　　　　　　　　　　　第 12 页 共 14 页

序号	项目编码	项目名称	项目特征	计量单位	工程量	综合单价(元)	合价(元)	其中(元)		备注
								人工费	机械费	
89	011105002001	石材踢脚线	1.稀水泥浆擦缝 2.10~20mm 厚大理石板 3.10mm 厚 1：2 水泥砂浆(内掺建筑胶)灌缝	m²	133.6052	218.38	29176.7	4040.22	20.04	
90	011105003001	块料踢脚线	1.素水泥浆擦缝 2.600×600 黑色地砖 3.8mm 厚 1：2 水泥砂浆(内掺建筑胶)结合层 4.5mm 厚 1：3 水泥砂浆打底	m²	49.5375	125.42	6212.99	1906.7	5.45	
91	011106002001	块料楼梯面层	1.5~10mm 厚防滑地砖楼面,擦缝 2.20mm 厚 1：3 水泥砂浆找平层	m²	46.8088	103.19	4830.2	1264.77	26.68	
92	011106002002	块料楼梯面层	1.5~10mm 厚防滑地砖楼面,擦缝 2.20mm 厚 1：3 水泥砂浆找平层	m²	112.5375	157.06	17675.14	7633.42	59.64	
93	011106002003	块料楼梯面层	1.5~10mm 厚防滑地砖楼面,擦缝 2.20mm 厚 1：3 水泥砂浆找平层	m²	14.42	125.36	1807.69	536.28	18.6	
94	011107002001	块料台阶面	1.8~10mm 厚地砖 2.5mm 厚 1：1 水泥砂浆(内掺建筑胶)结合层 3.20mm 厚 1：3 水泥砂浆找平层	m²	29.0813	117.9	3428.69	1720.16	18.32	
	A.12	墙、柱面装饰与隔断、幕墙工程					616615.41	344787.8	2130.16	
95	011201001001	墙面一般抹灰	1.墙体:直形内墙 2.喷水性耐擦洗涂料 3.5mm 厚 1：2.5 水泥砂浆找平 4.9mm 厚 1：3 水泥砂浆打底	m²	5225.9703	31.61	165192.92	127356.9	1201.97	
			本页小计				228324.33	144458.45	1350.7	

分部分项工程量清单与计价表

序号	项目编码	项目名称	项目特征	计量单位	工程量	综合单价(元)	合价(元)	其中(元)		备注
								人工费	机械费	
96	011201002001	墙面装饰抹灰直形墙	1.墙体:外墙面 直形墙 2.喷外墙仿石型涂料 3.12mm 厚 1:3 水泥砂浆抹面 4.10mm 厚 1:2.5 水泥砂浆打底	m²	1828.2904	151.44	276876.3	145148	457.07	
97	011201002002	墙面装饰抹灰直形墙	1.墙体:外墙面 风井 2.喷外墙仿石型涂料 3.12mm 厚 1:3 水泥砂浆抹面 4.10mm 厚 1:2.5 水泥砂浆打底	m²	6.26	181.6	1136.82	525.84	1.57	
98	011205001001	石材柱面	1.柱体材料:混凝土 2.柱截面类型、尺寸:圆柱 3.面层酸洗打蜡 4.10~20mm 厚大理石板 5.10mm 厚 1:3 水泥砂浆粘贴 6.15mm 厚 1:3 水泥砂浆打底抹灰	m²	115.746	558.33	64624.46	8436.73	104.17	
99	011202001002	柱面一般抹灰	1.柱体类型:混凝土矩形柱 2.刷调和漆二遍 3.6mm 厚 1:1:4 混合砂浆抹面 4.14mm 厚 1:1:6 混合砂浆打底	m²	172.5826	36.13	6235.41	4956.57	37.97	
100	011204003001	块料墙面	1.5mm 厚釉面砖白水泥浆擦缝 2.5mm 厚 1:2 水泥砂浆结合层 3.6mm 厚 1:2.5 水泥砂浆打底 4.刷界面处理剂一道	m²	1423.5078	72.04	102549.5	58363.82	327.41	
	A.13	天棚工程					415374.11	124415.9	244.48	
101	011301001001	天棚抹灰	1.喷水性耐擦洗涂料 2.2mm 厚纸筋灰罩面 3.5mm 厚 1:0.5:3 水泥石膏砂浆扫毛	m²	1383.1997	32.9	45507.27	34898.13	221.31	
		本页小计					496929.76	252329.09	1149.5	

分部分项工程量清单与计价表

单位工程名称：广联达办公大厦　　　　　　　　　　　　　　　　第 14 页 共 14 页

序号	项目编码	项目名称	项目特征	计量单位	工程量	综合单价(元)	合价(元)	其中(元)		备注
								人工费	机械费	
102	011301001002	天棚抹灰	1.喷水性耐擦洗涂料 2.2mm 厚纸筋灰罩面 3.5mm 厚 1：0.5：3 水泥石膏砂浆扫毛	m²	13.9718	32.87	459.25	352.09	2.24	
103	011301001003	天棚抹灰-楼梯间	1.喷水性耐擦洗涂料 2.2mm 厚纸筋灰罩面 3.5mm 厚 1：0.5：3 水泥石膏砂浆扫毛	m²	130.8307	32.88	4301.71	3298.24	20.93	
104	011302001001	天棚吊顶 1	1.0.5～0.8mm 厚铝合金条板面层 2.中龙骨 U50×19×0.5 中距<1200mm 3.大龙骨[60×30×1.5(吊点附吊挂)中距<1200mm 4.φ8 钢筋吊杆,双向中距 900～1200mm	m²	1783.3019	158.7	283010.01	61541.75		
105	011302001002	天棚吊顶 2	1.500mm×500mm×18mm 矿棉板 2.铝合金横撑⊥25×22×1.3 或⊥23×23×1.3,中距 500mm 3.铝合金中龙骨双向中距 1000mm 4.钢筋混凝土板内埋φ6 铁环,双向中距 1000mm	m²	1312.0644	62.57	82095.87	24325.67		
	A.15	其他装饰工程					33027.86	3288.51	304.73	
106	011503001001	金属扶手、栏杆、栏板	1.栏杆材料种类、规格、品牌、颜色:不锈钢栏杆 2.部位:楼梯栏杆	m	71.3653	462.8	33027.86	3288.51	304.73	
		补充分部					394.91	266.05	2.64	
107	01B001	阳台、雨篷板抹灰	1.基层类型:1：2 水泥砂浆打底 2.抹灰厚度、材料种类:1：2.5 水泥砂浆,1：2 纸筋灰罩面	m²	9.7775	40.39	394.91	266.05	2.64	
			本页小计				403289.61	93072.31	330.54	
			合　计				5584291.74	1064665	91985.97	

措施项目清单综合单价计算表

单位工程名称：广联达办公大厦

序号	编码	名称	计量单位	数量	综合单价(元)						小计	合计(元)
					人工费	材料费	机械费	管理费	利润	风险费用		
		技术措施										
		脚手架工程										
1	011701001001	综合脚手架 一地上	m²	3641.4411	7.77	10.33	0.69	1.65	0.72		21.16	77052.89
	16-5	综合脚手架 建筑物檐高20m以内 层高6m以内	100m²	37.1796	760.9	1011.29	67.79	161.59	70.44		2072.01	77036.5
2	011701001002	综合脚手架 一地下 地下室层数：地下一层	m²	967.13	9.84	2.9	0.06	1.93	0.84		15.57	15058.21
	16-26	综合脚手架 地下室一层	100m²	9.6713	984.2	289.88	5.65	193.02	84.14		1556.89	15057.15
3	011701006001	满堂脚手架 层高：5.2m内	m²	3509.6049	8.82	2.08	0.33	1.78	0.78		13.79	48397.45
	16-40	单项脚手架 满堂脚手架 基本层 3.6~5.2m	100m²	45.5326	679.7	160.5	25.42	137.5	59.94		1063.06	48403.89
4	011701006002	满堂脚手架 层高：7.8m	m²	131.8363	10.83	2.69	0.42	2.19	0.96		17.09	2253.08
	16-40换	单项脚手架 满堂脚手架 基本层3.6~5.2m 实际高度(m):7.8	100m²	1.3184	1082.9	269.25	42.37	219.43	95.65		1709.6	2253.94
5	Z011701009001	电梯井脚手架 电梯井高度：20m内	座	1	756.7	270.2	59.31	159.12	69.36		1314.69	1314.69
	16-42	单项脚手架 电梯井脚手架 高度20m以内	座	1	756.7	270.2	59.31	159.12	69.36		1314.69	1314.69
		模板工程										
6	011702001001	基础 1.有梁式满堂基础	m²	420.8515	17.43	9.75	0.53	3.5	1.53		32.74	13778.68
	4-145	基础模板 地下室底板、满堂基础 有梁式复合木模	100m²	4.2085	1743	974.56	53.38	350.29	152.69		3273.92	13778.29
7	011702001002	基础 1.有梁式满堂基	m²	41.9664	15.4	12.15	0.82	3.16	1.38		32.91	1381.11

暂列金额明细表

单位工程名称:广联达办公大厦

序号	项目名称	计量单位	暂定金额(元)	备　注
1	暂估工程价	元	800000	
	合　计		800000	—

材料暂估单价表

单位工程名称:广联达办公大厦

序　号	材料名称、规格、型号	计量单位	工程量	单价（元）	合价（元）	备　注
0701031	大理石板	m²	2524.2144	180	454358.59	
0661151	瓷砖150×220	m²	1451.9802	25	36299.51	
0665071	地砖200×200	m²	45.7526	28	1281.07	
0665081	地砖300×300	m²	100.1606	30	3004.82	
0665101	地砖500×500	m²	687.1933	65	44667.56	
0665111	地砖600×600	m²	51.0262	80	4082.1	

专业工程暂估价表

单位工程名称:广联达办公大厦   第 1 页 共 1 页

序号	工程名称	工程内容	金 额	备 注
1	幕墙工程		600000	
合 计			600000	—

计日工表

编号	项目名称	单 位	暂定数量	单价(元)	合价(元)
一	人工				
	木工	工日	10	70	700
	瓦工	工日	10	60	600
	钢筋工	工日	10	60	600
	人工小计				1900
二	材料				
	材料小计				
三	施工机械				
	施工机械小计				
	总　计				1900

总承包服务费计价表

单位工程名称:广联达办公大厦　　　　　　　　　　　　　　　　第 1 页 共 1 页

编号	项目名称	项目价值(元)	服务内容	费率(%)	金额(元)
1	发包人分包专业工程				
2	发包人供应材料				
		总　计			

其他项目清单与计价汇总表

单位工程名称:广联达办公大厦　　　　　　　　　　　　　　　第1页 共1页

序号	项目名称	计量单位	金额(元)	备 注
1	暂列金额	项	800000	明细详见"暂列金额明细表"
2	暂估价		600000	
2.1	材料暂估价		—	明细详见"材料暂估单价表"
2.2	专业工程暂估价	项	600000	明细详见"专业工程暂估价表"
3	计日工		1900	明细详见"计日工表"
4	总承包服务费			明细详见表-10-5
5	签证与索赔			
	合 计		1401900	—

主要材料价格表

单位工程名称:广联达办公大厦

序号	编 码	材料名称	规格型号	单位	数 量	单价(元)	备 注
1	0611011	Low-e 钢化中空玻璃	(5+6A+5)	m²	506.1883	145	
2	0433021	泵送商品混凝土	C15	m³	116.3566	340	
3	0433023	泵送商品混凝土	C25	m³	644.7117	365	
4	0433024	泵送商品混凝土	C30	m³	817.0943	380	
5	0433043	泵送商品抗渗混凝土	C30/P8	m³	829.1433	355	
6	0701031	大理石板		m²	2524.2144	180	
7	0701041	大理石板弧形		m²	118.065	450	
8	0665101	地砖	500×500	m²	687.1933	65	
9	1101431	仿石型外墙涂料骨架		kg	16510.95	6	
10	3201031	复合模板		m²	1788.653	33	
11	0403043	黄砂(净砂)综合		t	799.3209	62.5	
12	0805131	铝合金条板(配套)		m²	1872.465	102.53	
13	0153075	铝合金型材综合		kg	4712.3274	23.7	
14	0101001	螺纹钢	Ⅱ级综合	t	302.5637	3780	
15	3201021	木模板		m³	37.9971	1200	
16	0401031	水泥	42.5	kg	245262.8135	0.33	
17	0405001	碎石	综合	t	509.2766	80	
18	0109001	圆钢(综合)		t	93.4741	3485	
19	0415442	蒸压砂加气混凝土砌块(B06级)	600×190×240	m³	380.764	235	
20	1157191	自粘型防水卷材		m²	2462.2657	27	